# 덕수궁 <sub>(경운궁)</sub>

덕수궁 (경운궁)

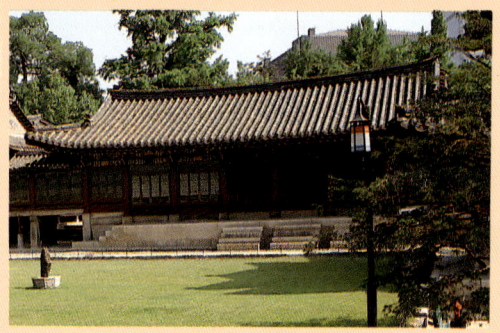

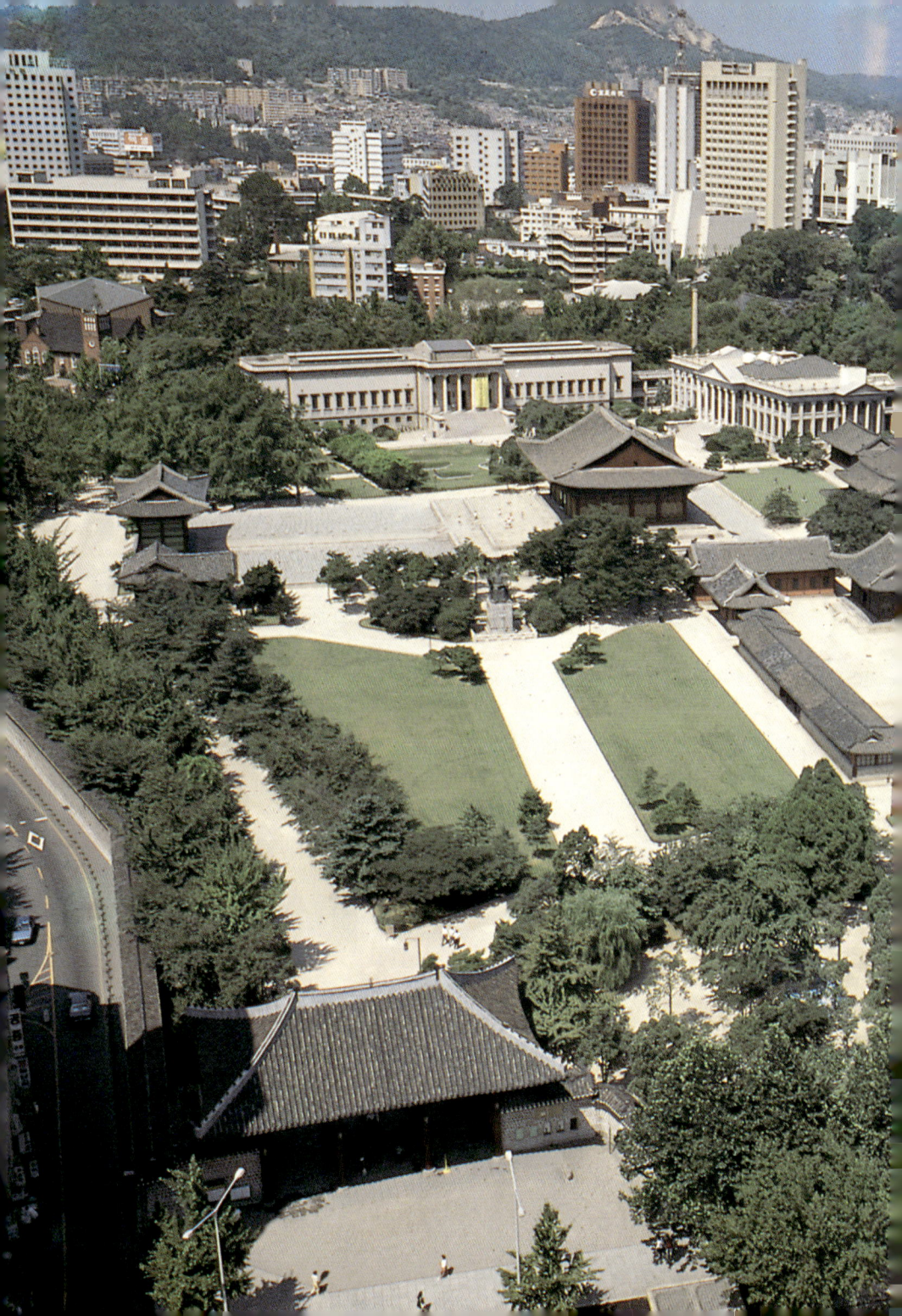

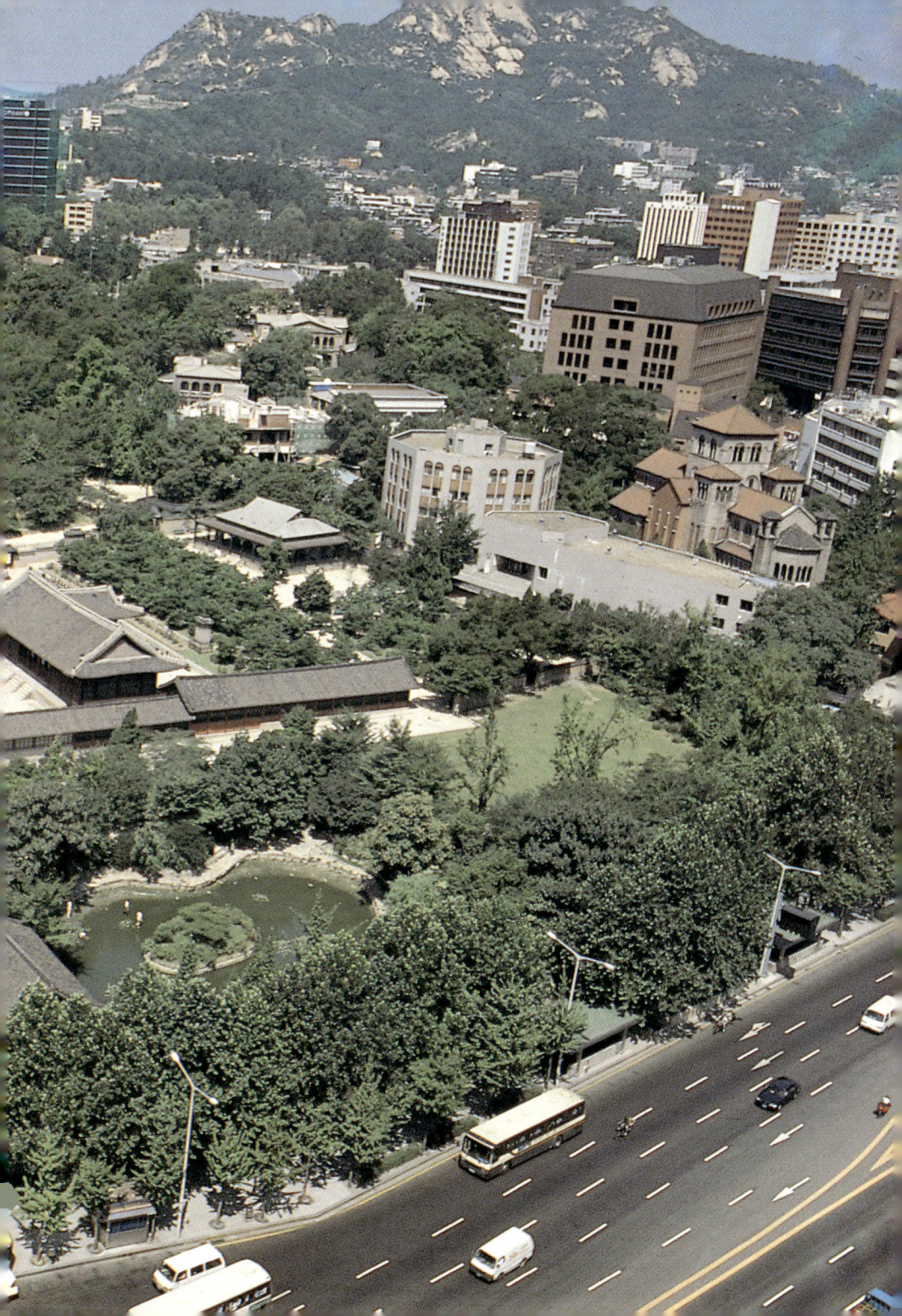

# 머리말

　지금까지 일반적으로 궁궐에 대한 관심은 경복궁, 창경궁, 창덕궁 등에 편중되어 왔었다. 서울의 5대 궁궐에 속해 있었던 경희궁은 그 흔적이 거의 없어졌으며, 경운궁은 축소되고 변모되어 옛모습을 잃었고 그 이름마저 덕수궁으로 바뀌어 하나의 별궁처럼 인식되고 있기 때문이다.

　경운궁은 우리의 독자적인 관영 공사 체제로 조영된 조선 왕조 마지막 궁궐이다. 그러므로 이 궁궐은 현재와 쉽게 연결되며 우리 전통적인 건축 기술자 내지 하도급 일을 맡았던 기술자 집단의 계보와 초보적인 건축 자재상의 성장 과정을 추적하는 데도 많은 도움이 된다.

　경운궁은 당시 우리의 국력이 총동원되어 경영된 궁궐이라 할 수 있다. 고종을 비롯한 당시 이 궁궐의 중건을 계획한 당국자들은 태조 이래 역대의 유지를 계승하며 쓰러져 가는 국가의 중흥을 위해서 또한 왕실의 존엄성과 국력을 과시하기 위해서도 이 일은 아주 중요하다고 생각했음이 분명하다. 뿐만 아니라 당시에는 우리나라의 자주 독립을 성취하려는 여론의 합의가 이루어져 있었다. 이때 국내 경운궁은 지금의 정동(貞洞) 일대에 위치하고 있었다. 정동은 과거 정릉동(貞陵洞)이며 황화방(皇華坊)에 속하였다. 정릉은 조선 태조의 계비(繼妃) 강씨(康氏)의 능을 가리키는 것이며, 그 위치는 황화방 북쪽이라 되어 있어서 대체로 지금의 영국 대사관이 있는 자리로 짐작된다. 태조는 신덕왕후(神德王后) 강씨의 죽음을 슬퍼하여 정릉의 동쪽에 흥천사(興天寺)를 세우고, 아침 저녁으로 범종을 울리게 하여 슬픔을 달랬다고 한다.

태종 때 정릉은 지금의 서울시 성북구(城北區)로 편입된 동소문(東小門) 밖 양주군(楊州郡) 사하리(沙河里)로 옮겨지고, 그 뒤 흥천사도 폐사(廢寺)가 되었다. 그러나 동네 이름은 일제 때 정동으로 바뀌어져 지금까지 전하여 온다. 지금 광명문(光明門)에 전시되고 있는 흥천사종은 세조 8년(1462)에 주조된 것으로 흥천사의 사리탑이 불탄 뒤 흥인문(興仁門), 광화문(光化門), 창경궁을 거쳐 현재의 위치에 옮겨졌다.

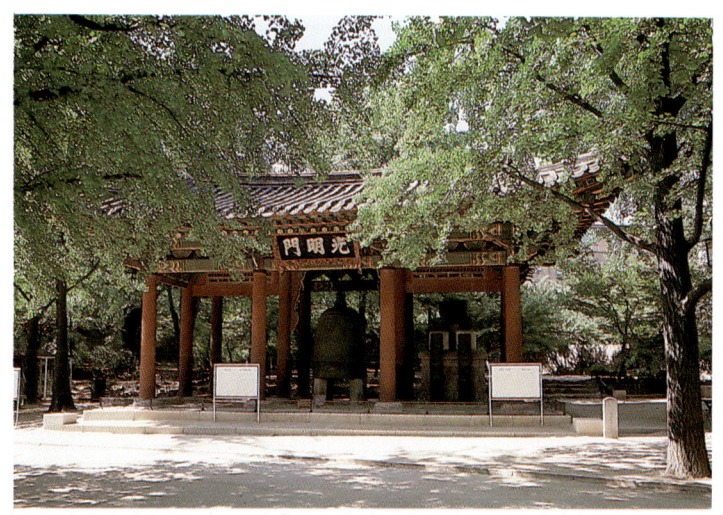

광명문 안의 흥천사종  세조 8년에 주조된 이 종은 경운궁과는 관계없는 유물이다.

그 뒤 정동에는 세조(世祖)의 맏아들이며 덕종(德宗)으로 추존(追尊)된 의경세자(懿敬世子)의 사당 효정묘(孝靖廟)가 섰으며, 세자가 죽어 출궁하게 된 세자빈 한씨(韓氏)의 집이 그 옆에 마련되었다. 의경세자는 도원군(桃原君)으로 세조가 왕위에 오른 뒤 세자에 책봉되었으나 세조 3년(1457) 18세의 나이로 타계하였다.

의경세자에게는 두 아들 월산대군(月山大君)과 자을산군(者乙山君)이 있었는데 뒤에 세조의 뒤를 이어 왕위에 오른 예종이 일찍 죽자 의경세자의 차남 자을산군은 성종이 되었다. 1470년 성종이 등극하면서 인수대비(引粹大妃)가 된 어머니 한씨와 같이 입궐하자 한씨의 집은 월산대군의 사저(私邸)로 되었고 그의 자손들이 여기서 살았다.

1592년 임진왜란이 일어나 경복궁(景福宮), 창덕궁(昌德宮), 창경궁 등은 군중들에 의하여 모두 불타 없어졌으므로 당장 머무를 궁궐이 없었고 민가도 남산의 산록 일대, 소공주댁(小公主宅;태종의 2녀 경정공주의 집을 말하며 지금의 소공동이란 명칭도 여기서 비롯됨) 주변, 정릉동 방면에 좀 남아 있었다고 한다. 그리하여 선조는 요행히 병화를 면하고 남아 있던 월산대군의 사저이며 당시 그의 증손 양천도정(陽川道正)이 살던 집을 행궁으로 삼고, 이곳을 시어소 또는 정릉동 행궁이라 불렀다. 시어소는 임금이 임시로 거처하는 곳이며, 행궁은 임금이 거둥할 때에 머물던 궁궐이다.

이런 이름이 사용된 것으로 미루어보더라도 선조는 이곳을 수리하여 임시로 쓰다가 다른 궁궐이 마련되는 것을 기다려 옮길 계획을 하고 있었음을 알 수 있다. 비록 왕족의 집이기는 하나 궁궐로 사용하기에는 협소하였고 궐내의 쓰임새 때문에 이를 확장하지 않을 수 없었다. 이때 그 옆에 있는 계림군(桂林君), 심의겸(沈義兼), 심연원(沈連源), 한혜(韓蕙)의 집 등을 궁궐 안으로 편입시켰다고 한다.

계림군은 성종의 셋째아들 계성군(桂城君) 순(恂)의 양자이며, 계림군의 집에는 일본군이 서울을 점령하였을 당시 그들의 사병이 주둔하고 있었다고 한다. 심의겸은 명종비(明宗妃) 인순왕후(仁順王后)의 동생이고 서인(西人)을 이끌던 권신이다. 심연원은 심의겸과 본관(本貫)이 같으며 명종 때 영의정을 지낸 중신이다.

처음에는 양천도정의 집을 왕의 정전(正殿) 내지 침전(寢殿)으로 그리고 계림군의 집을 궐내 각사(闕內各司)로 썼다. 그러나 이 집들이 협소하여 궁궐의 확장과 재배치가 불가피하였다. 그리하여 그 뒤 정릉동 양천도정의 집과 계림군의 집을 정전과 침전으로 하고, 심의겸의 집을 동궁(東宮)으로, 심연원의 집을 종묘(宗廟)로 또 그 부근의 민가를 빌려 각 관아(官衙)와 약방(藥房), 승문원(承文院), 상의원(尙衣院), 상서원(尙書院), 향실(香室) 등 궐내 각사로 삼았다.

선조 28, 29년에 걸쳐 궁역의 동쪽과 서쪽에 문을 세우고 동문을 정문(正門)으로 정했다. 그리고 주위에 나무 울타리를 둘렀다. 한혜의 집은 계림군의 집과 연접하여 있었는데, 처음에는 비변사(備邊司)로 사용했으나 나중에 비변사를 궐 밖으로 내보냈다. 그 뒤 병조판서(兵曹判書) 이항복(李恒福)이 궁장(宮墻)을 만듦으로써 비로소 경운궁은 궁궐의 모양을 갖추게 되었다.

양천도정과 계림군의 가계(家系)를 그림으로 보면 다음과 같다.

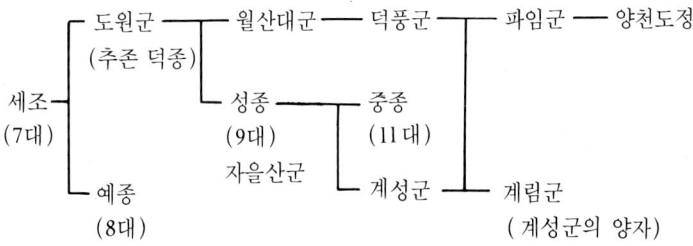

임진왜란이 끝난 뒤 가장 급히 해야 하는 일은 종묘와 궁궐의 중건이었다. 그러나 당시의 국가 재정은 이를 쉽게 허락하지 않았다. 선조는 민가 더구나 왜적이 머물던 곳에 거처하니 마음이 편하지 않다고 하여 소실된 경복궁 궁성(宮城)이 남아 있으므로 남산 밖의 소나무를 베어다가 임시 건물을 짓고 거처를 옮길 것을 생각했다. 그러나 이 계획은 임금의 거처를 가가(假家)로 짓는다는 것이 체통에 어긋난다는 비변사의 진언에 따라 실행으로 옮기지 않았다. 그 당시 경복궁을 재건하자는 논의도 없지는 않았으나 일부에서는 경복궁이 풍수 음양설(風水陰陽說)로 불길하다는 상소(上疏)도 있고 하여 우선 창덕궁을 중건하기로 하였다. 그러나 이어지는 5년 동안은 불길한 해라 하여 바로 착수하지는 않았다.

선조 39년에 이르러서야 종묘와 궁궐의 영건도감(營建都監)을 설치하고 그에 따르는 준비를 하였으며, 41년에 기공(起工)도 하게 되나 선조가 죽는 불행을 맞아 공사를 일시 중지하였다가 다시 진행시켰다.

선조는 창덕궁의 중건을 보지 못하고 의주에서 돌아와 16년 동안 여기서 거처하다가 1608년에 죽은 것이다. 역시 이 궁궐에서 왕비 의인왕후(懿仁王后) 박씨(朴氏)도 왕보다 9년 전에 죽었고, 그 뒤 영창대군(永昌大君)과 정명공주(貞明公主)가 그의 계비 인목왕후(仁穆王后)에게서 태어났다.

선조의 뒤를 이어 광해군이 지금의 즉조당이라고 추측되는 이 궁궐의 서청(西廳)에서 왕위에 올랐다. 광해군 즉위년(1608)에 종묘가 준공되었으며 창덕궁의 인정전(仁正殿) 등 중요한 전각들이 대개 건립되었다. 이미 창덕궁의 중건 공사가 어느 정도 마무리됨에 따라 승정원(承政院)과 예조(禮曹) 등에서는 대신들의 의견을 종합하여 하루 빨리 새 궁궐에 옮겨가서 국가 왕실의 체모를 갖출 것을 권하였다. 그러나 광해군은 일찍이 단종과 연산군이 폐위된 일을

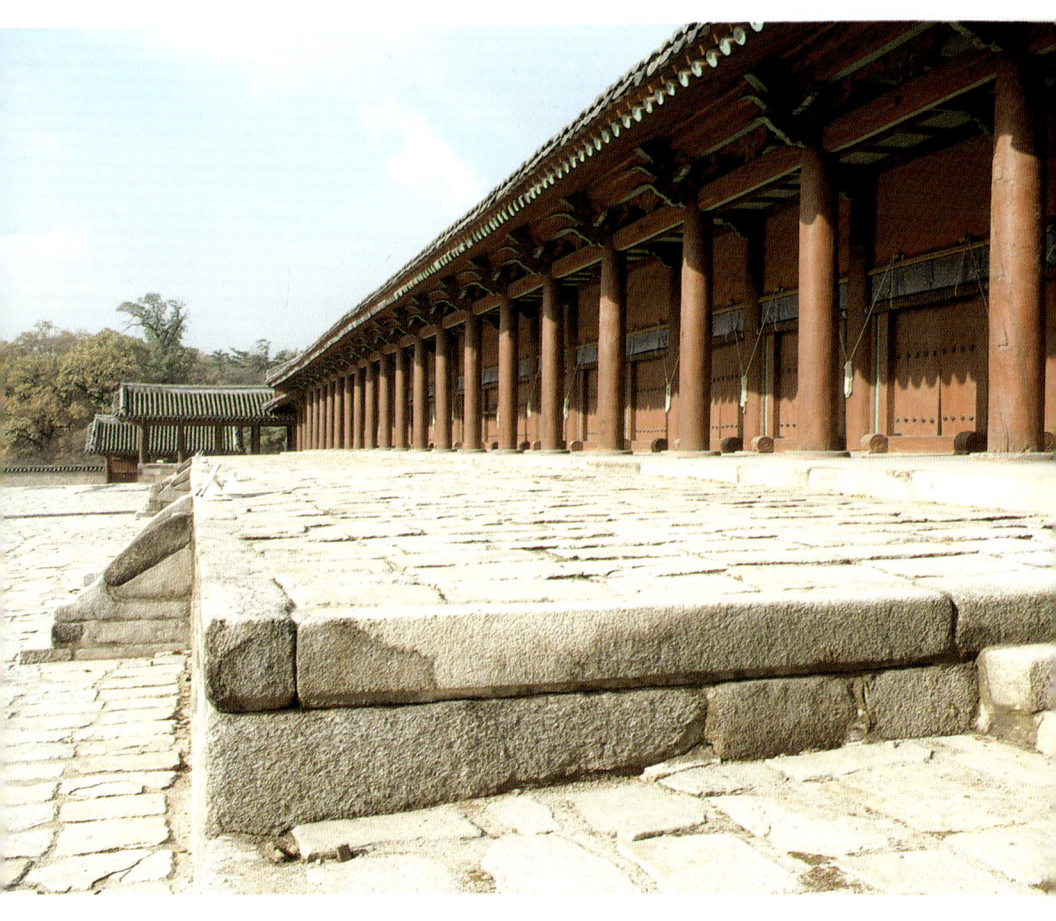

**종묘 정전 전경**  역대 왕의 신위를 모신 종묘는 왕조 사회를 지탱하는 기둥 역할을
하였다. 따라서 임진왜란이 끝난 뒤 가장 급히 서둘러야 하는 일은 불타 없어진 궁궐
과 종묘의 중건이었으며 이 공사는 광해군 즉위년에 준공을 보았다.

생각하여 창덕궁으로 옮기기를 싫어하였다. 광해군 3년(1611) 왕은 강권에 못이겨 창덕궁으로 옮기고 그때까지 거처하던 이 행궁을 경운궁(慶運宮)이라 개칭하였다. 그러나 왕은 그해 다시 경운궁으로 이어하였다가 재위 7년(1615) 창덕궁으로 아주 옮겼다. 광해군은 창덕궁으로 옮길 때까지 경운궁에서 7년을 지낸 것이다. 그 뒤 창덕궁, 창경궁의 중건, 인경궁(仁慶宮), 경덕궁(慶德宮)의 창건 공역이 크게 진행되는 것과는 대조적으로 경운궁은 여전히 산만한 채 현상을 유지하는 데 그쳤다.

광해군은 궁중의 복잡한 사정에 영향을 받아서인지 즉위 뒤로는 풍수 음양설을 믿어 시정에 차질을 가져오기도 했다. 즉위 초에 창경궁을 중건하고도 음양 술수가의 말을 믿고 창경궁을 불길한 곳이라 하여 옮기지 않고, 길기(吉氣)가 있다는 설이 있는 경운궁에 머문 것도 그러한 예이다. 그 가운데 도성에 왕성한 기운이 쇠진하였으니 길지(吉地)인 파주군(坡州郡) 교하(交河)에 도읍을 정해야 한다는 '교하정도설(交河定都說)'은 조정에 큰 물의를 일으켰다. 원래부터 거처하지 않으려던 창덕궁에 옮긴 뒤 심리적으로 불안했던 광해군은 창경궁 중건 공역을 진행시키던 도중에 음양 술수설에 의한 '인왕산하건궁설(仁王山下建宮說)'을 들고 나왔다. 이렇게 시작된 인경궁의 자리는 지금의 사직단(社稷壇) 동쪽 사직동과 북쪽 필운동(弼雲洞) 지역이다. 광해군은 인경궁 영건 도중에 다시 술사(術士)의 '색문동 왕기설(塞門洞王氣說)'에 따라 그의 이복 동생 정원군(定遠君)의 집을 빼앗아 경덕궁 공역을 일으켰다. 색문동은 서울중고등학교가 있었던 곳인데, 일찍이 도성의 서대문을 폐쇄하여 생긴 이름이다. 이 궁궐은 영조 때 경희궁(慶熙宮)으로 바뀌었다.

광해군은 그의 계모인 인목대비를 경운궁에 유폐한 사실이 있었다. 선조 때부터 발생한 당쟁은 광해군 때에 더욱 심했다. 선조 말에는 소북파(小北派)가 득세하였는데 그 반대파인 대북파(大北派)의

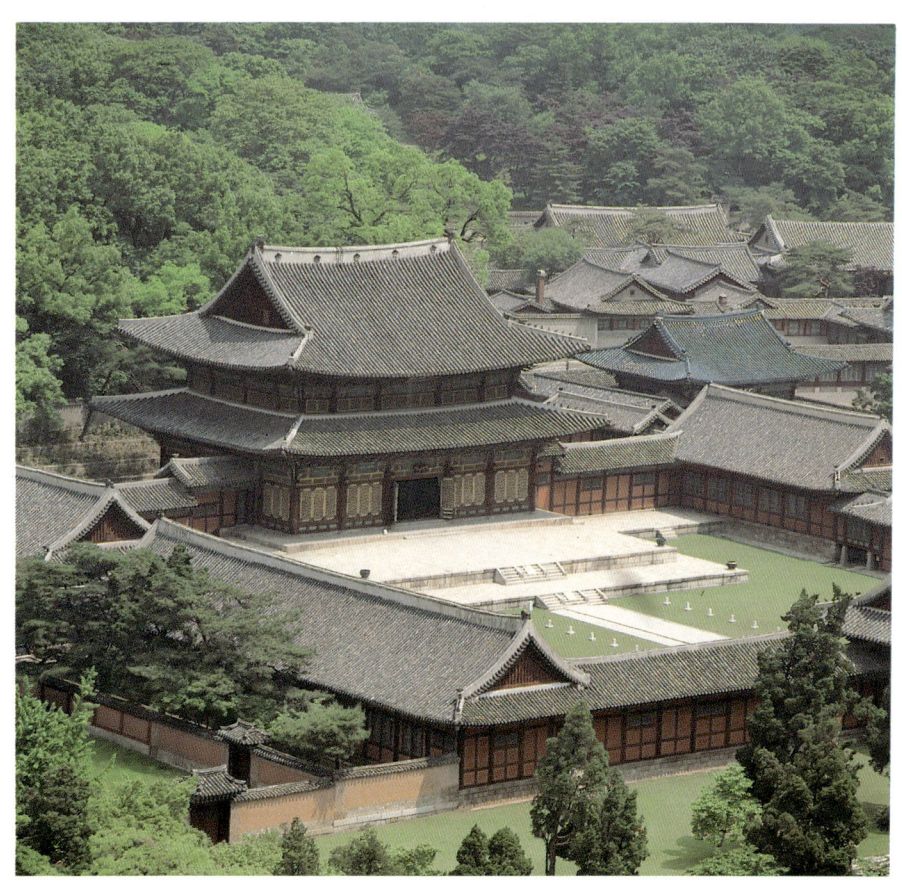

**창덕궁 인정전 전경**  경운궁 즉조당에서 왕위에 오른 광해군은 3년 뒤 창덕궁으로
거처를 옮기면서 자신이 머무르던 행궁을 경운궁이라 개칭하였다.

지지로 즉위하였던 광해군은 소북파는 물론 인목대비의 지지를
받았던 왕족들을 박해했다. 그리하여 소북파 후원을 받았던 선조의
계비 인목대비 출생인 영창대군도 죽음을 당하였으며, 인목대비도
경운궁에 유폐되었고 호도 빼앗겼다. 인목대비 주위에 큰 사건이
일어나면서 대비의 거처이던 경운궁 주변에는 살벌한 기운이 돌기
시작하였다.

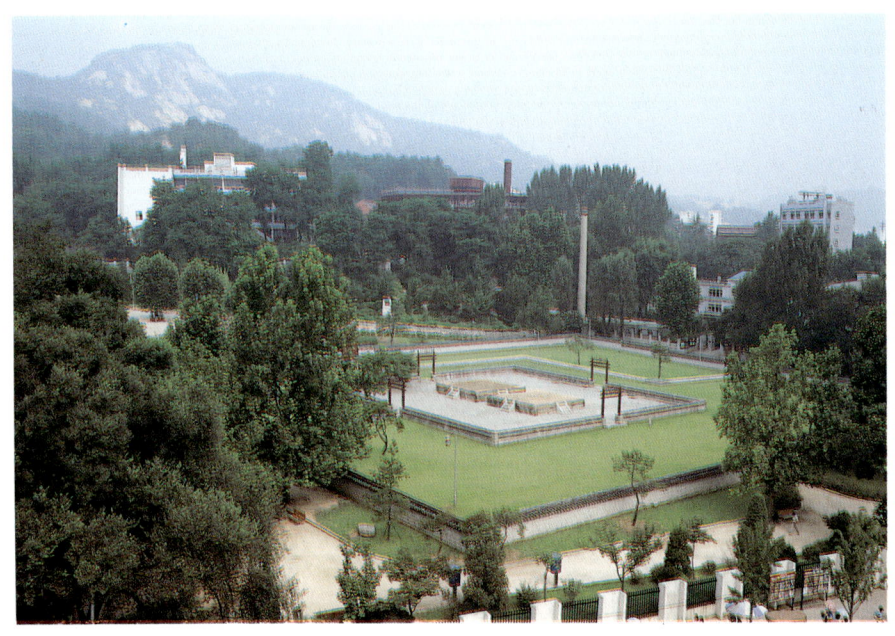

**사직단 전경** 땅의 신과 곡식의 신을 모신 사직단은 인왕산 아래에 자리잡고 있다.
광해군은 '인왕산하건궁설'에 따라 지금의 사직단 부근에 인경궁을 영건하였다.

광해군 9년 기울어진 궁장의 수리를 명령한 것, 동왕 12년에 허술한 북쪽 담에 내장(內墻)을 쌓으라는 것 등은 궁궐의 보수보다도 유폐되어 있는 인목대비와 외부와의 연락을 막기 위해서였다.

한편 광해군 10년 인목대비가 대비 칭호를 삭탈당하고 서궁으로 속칭될 무렵 경운궁의 이름도 서궁으로 격하되었으며, 동왕 12년 겨울에는 궁궐에 속한 관아를 헐어 그 목재와 기와 등을 내사(內司)에 옮기게 하니 다른 궁궐과 달리 경운궁은 몰락의 비운을 맞게 되었다.

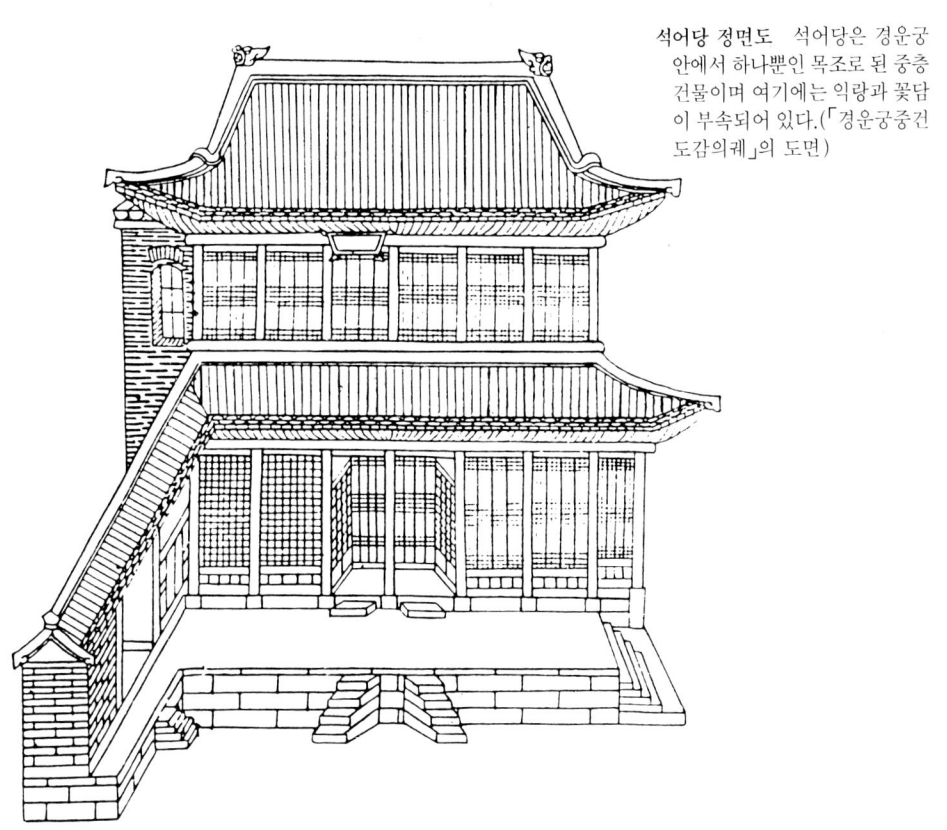

**석어당 정면도** 석어당은 경운궁 안에서 하나뿐인 목조로 된 중층 건물이며 여기에는 익랑과 꽃담이 부속되어 있다.(「경운궁중건 도감의궤」의 도면)

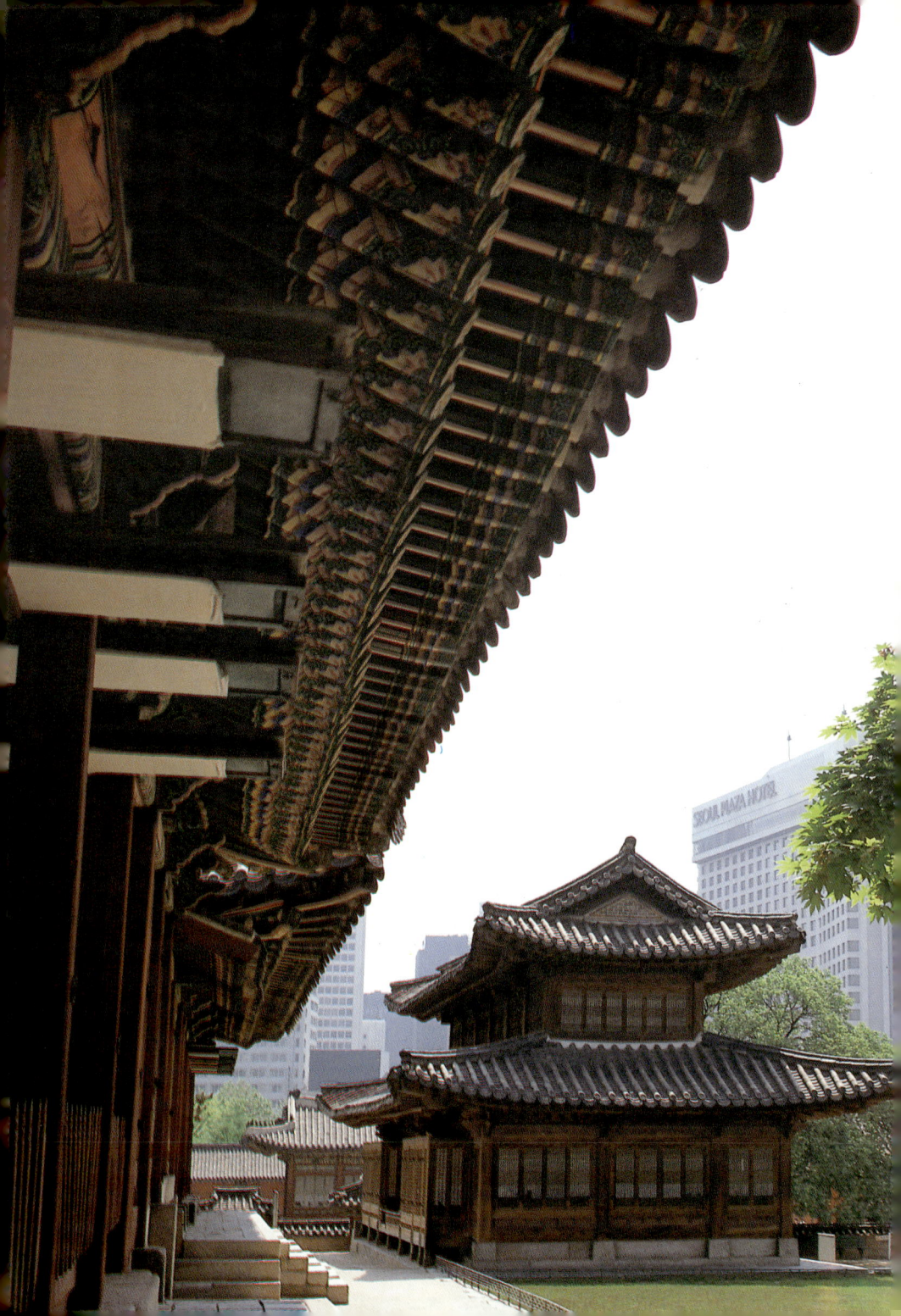

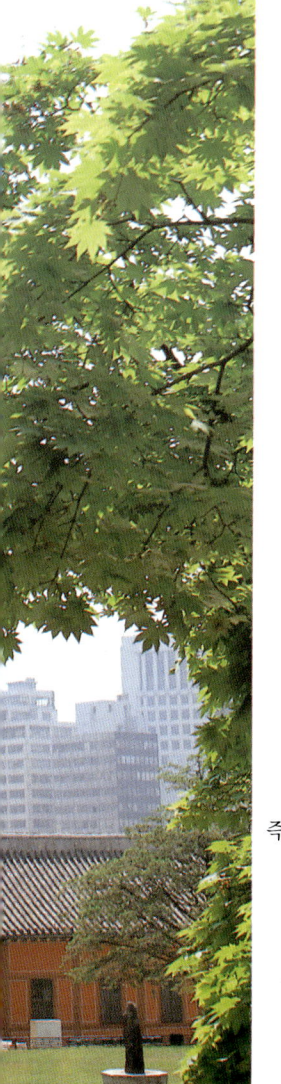

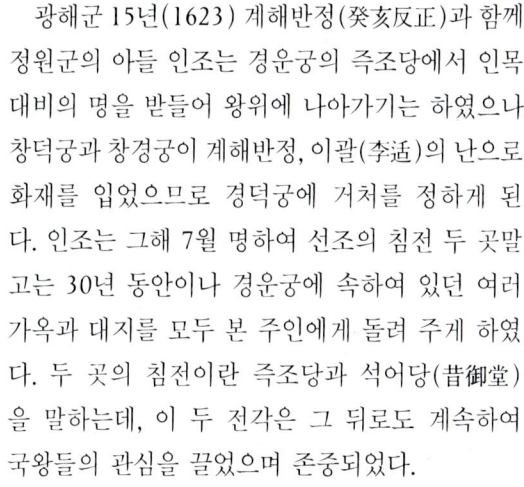

　광해군 15년(1623) 계해반정(癸亥反正)과 함께
정원군의 아들 인조는 경운궁의 즉조당에서 인목
대비의 명을 받들어 왕위에 나아가기는 하였으나
창덕궁과 창경궁이 계해반정, 이괄(李适)의 난으로
화재를 입었으므로 경덕궁에 거처를 정하게 된
다. 인조는 그해 7월 명하여 선조의 침전 두 곳말
고는 30년 동안이나 경운궁에 속하여 있던 여러
가옥과 대지를 모두 본 주인에게 돌려 주게 하였
다. 두 곳의 침전이란 즉조당과 석어당(昔御堂)
을 말하는데, 이 두 전각은 그 뒤로도 계속하여
국왕들의 관심을 끌었으며 존중되었다.

　그 예로서 숙종은 경운궁에 나아가 신하들과
더불어 시를 지어 화답하며 잔치를 베풀었다. 또한
1773년 영조는 선조가 환도하여 경운궁을 거처로
정한 지 3주갑(三週甲, 180년)이 되는 해로서 선조
기일을 맞아 뒤에 정조가 될 그의 세손(世孫)과
함께 경운궁에 나아가 즉조당에서 추모의 사배례
(四拜禮)를 행하였다고 한다.

**즉조당과 석어당**　즉조당은 정면 7칸, 측면 4칸으로 된 팔작지붕
의 전각으로 전면에 분합문을 달아 들어올리게 하였다. 석어당
은 궁궐 안의 유일한 2층 건물이다.

# 고종 시대의 경운궁

경운궁이 다시 어거청정(御居聽政)의 궁궐이 된 직접적인 동기는 아관파천(俄館播遷)이었으며 이 아관파천의 원인은 을미사변(乙未事變)이었다.

오래 전부터 일본은 민비(閔妃) 중심의 궁중 세력과 친로파(親露派)를 물리치고 친일 세력을 부활시키고자 하였다. 당시의 일본 공사는 고종 32년(1895) 8월 20일 새벽 일본의 낭인(浪人)과 훈련대를 동원하고 경복궁에 들어와 민비를 살해하였다. 황후가 외국인 자객의 손에 무참히 죽은 것이다. 이때 왕과 세자도 폭행을 당했다고 한다. 이 을미사변을 계기로 악화된 대일 감정과 고종의 공포심을 이용하여 친로파 이범진(李範晉) 등은 러시아 공사와 짜고 건양(建陽) 원년(1896) 2월 11일 국왕을 경복궁에서 러시아 공사관으로 옮기게 하였다. 이것을 아관파천이라 하는데 일본의 침략적 내정 간섭으로부터 벗어나기 위하여 단행된 것이었다.

위의 두 사건은 국민적 자각이 고조되는 계기가 되었다. 그 뒤부터 있었던 국왕의 환궁 요청도 자주 독립에 대한 국민적 자각을 잘 설명해 주고 있다. 국왕이 궁궐을 버리고 다른 나라의 공사관에

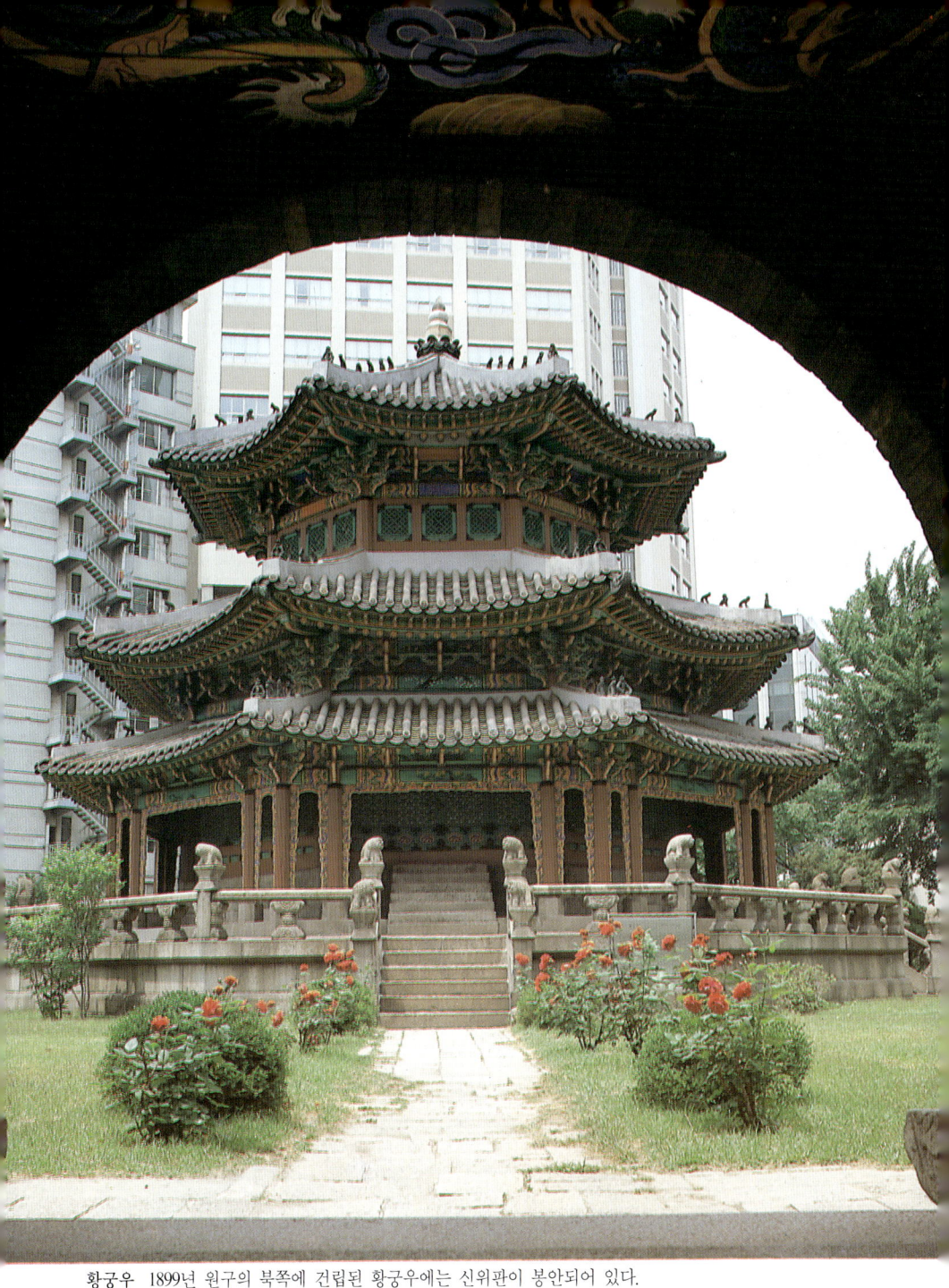

황궁우  1899년 원구의 북쪽에 건립된 황궁우에는 신위판이 봉안되어 있다.

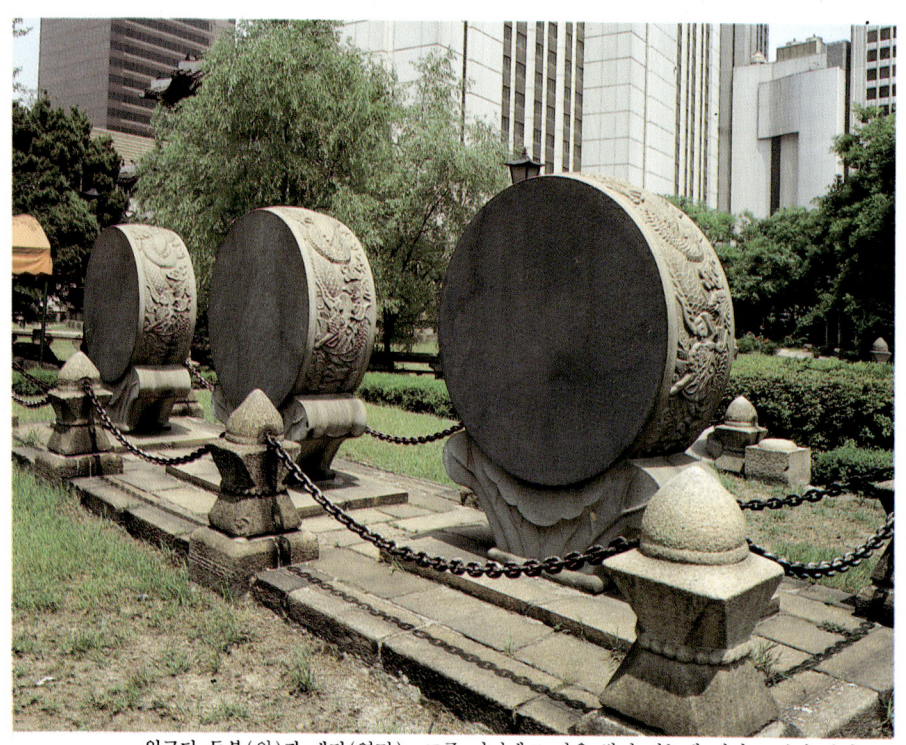

**원구단 돌북(위)과 계단(옆면)** 고종 이전에도 단을 쌓아 하늘에 제사를 지낸 일이 있으나 천자만이 제를 지낼 수 있다는 중국의 압력으로 허문 일이 있었다. 고종의 황제 즉위로 하늘에 제사를 지낼 수 있게 되어 쌓은 것이다. 돌북은 제사에 사용되는 악기를 상징한다.

머문다는 것이 주권 국가의 체면을 크게 손상시킨다고 생각한 것은 당연하였다.

　마침내 고종이 파천한 지 약 1년 만인 1897년 2월 20일 경운궁에 이르는 길에는 친위대 병정과 순검들이 늘어섰고, 배재학당(培材學堂) 학생들이 독립신문사(獨立新聞社) 건너편에 정연히 늘어서서 만세를 불렀으며, 어가(御駕)가 지나가는 길에 꽃을 뿌렸다고 한다. 이같은 사실은 당시 국가의 자주 독립을 기원하는 국민 감정을

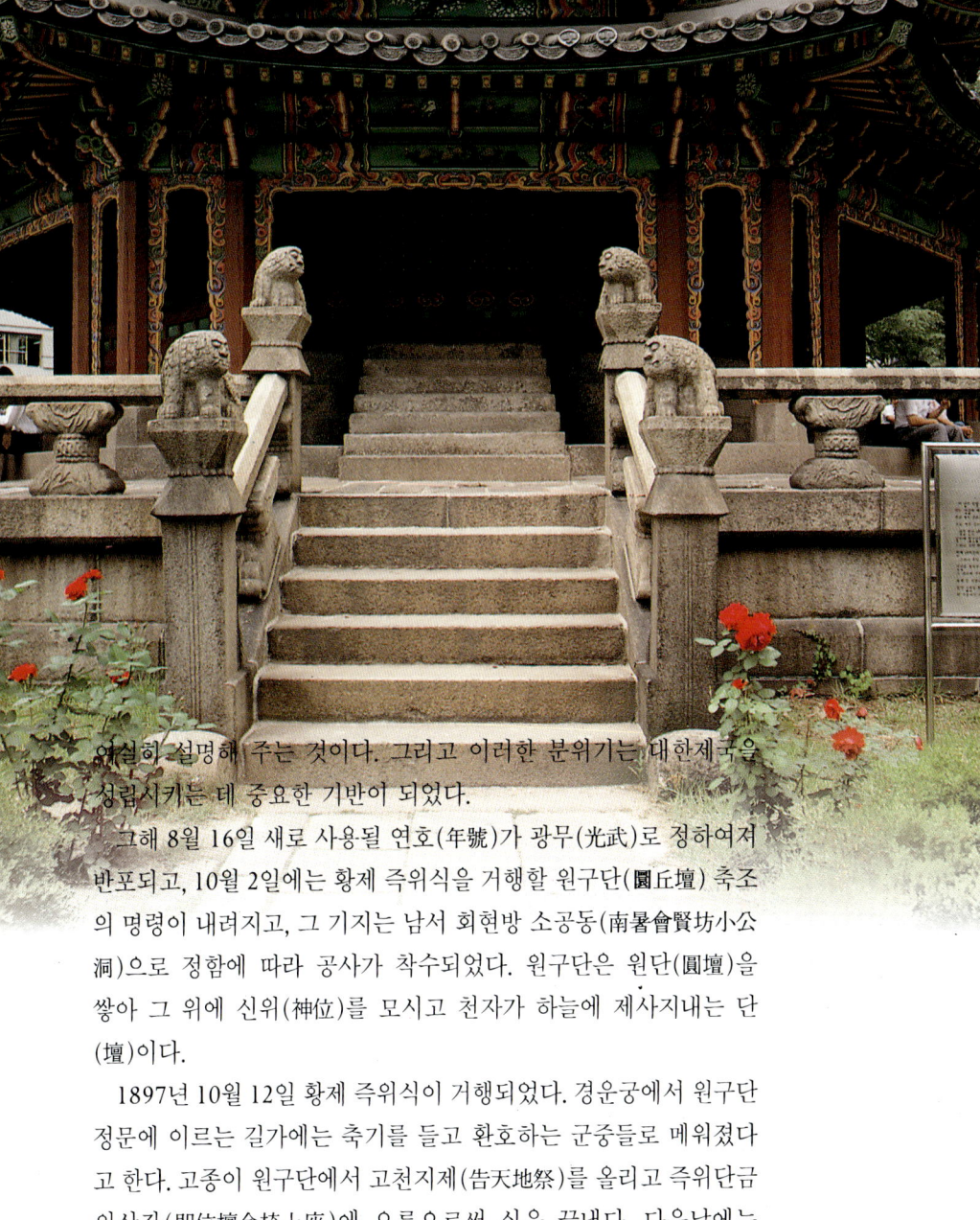

어실히 설명해 주는 것이다. 그리고 이러한 분위기는 대한제국을
성립시키는 데 중요한 기반이 되었다.

그해 8월 16일 새로 사용될 연호(年號)가 광무(光武)로 정하여져
반포되고, 10월 2일에는 황제 즉위식을 거행할 원구단(圜丘壇) 축조
의 명령이 내려지고, 그 기지는 남서 회현방 소공동(南署會賢坊小公
洞)으로 정함에 따라 공사가 착수되었다. 원구단은 원단(圜壇)을
쌓아 그 위에 신위(神位)를 모시고 천자가 하늘에 제사지내는 단
(壇)이다.

1897년 10월 12일 황제 즉위식이 거행되었다. 경운궁에서 원구단
정문에 이르는 길가에는 축기를 들고 환호하는 군중들로 메워졌다
고 한다. 고종이 원구단에서 고천지제(告天地祭)를 올리고 즉위단금
의상좌(即位壇金椅上座)에 오름으로써 식을 끝냈다. 다음날에는

조서(詔書)를 내려 제위(帝位)에 오른 것과 국호를 대한(大韓)으로 정하였음을 선포하였다.

임금이 거처하는 경운궁의 역사는 아관파천에 이어 대한제국의 성립과 더불어 다시 시작되어 국제화 시대의 정치 무대로서 다른 궁궐에 비해 손색이 없는 궁궐로 새롭게 꾸몄다. 일본의 내정 간섭을 싫어하던 고종이 그의 거처를 일본을 제외한 세계 열강의 공사관과 영사관이 밀집해 있던 대정동(大貞洞) 경운궁으로 옮기고자 한 것은 이미 오래 전부터였을 것으로 추측된다.

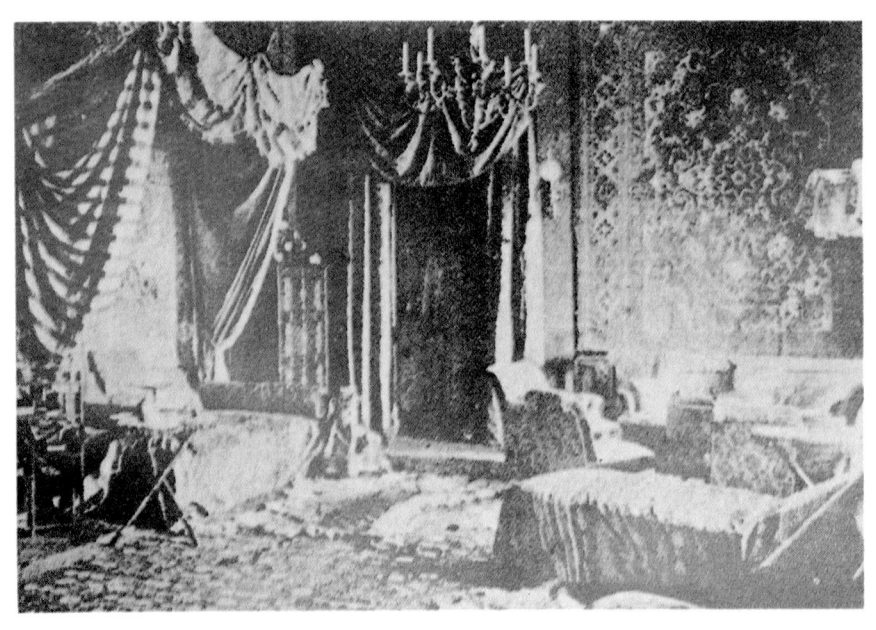

**러시아 공사관 안의 고종 거처방**  을미사변이 계기가 되어 고종은 경복궁에서 러시아 공사관으로 거처를 옮기는데 이 사건이 아관파천이다. 여기서 왕은 경복궁이 아닌 경운궁으로 환어할 뜻을 굳혔다고 생각된다.(최석로「사진으로 보는 독립운동」서문 당)

고종은 재위 13년(1876) 경운궁을 수리하고 즉조당에 나아가 전배(展拜)하면서 일찍이 임진왜란 때 선조가 피난 길에서 돌아와 오랜 기간 기거청정(起居聽政)한 일을 회상하며 감회에 잠긴 일이 있었다. 또 선조 환도 뒤부터 5주갑(五週甲)을 맞이하는 고종 30년(1893)에는 다시 순종이 될 세자와 함께 경운궁 즉조당에 나아가 전배하고 백관의 하례를 받은 다음 부근의 노인들을 불러 쌀을 나누어 준 일이 있었다. 고종이 러시아 공사관에 머무르면서 경복궁이 아닌 경운궁에 환어할 뜻을 정한 것과 관련이 없지 않다.

고종은 아관파천 뒤 왕태후(王太后), 왕태자비(王太子妃)를 경운궁으로 옮기게 하고 2월 16일 이 궁궐의 수리를 명령한 바 있다. 그는 또 8월 10일에도 궁궐의 수리를 독촉하였으며 9월 4일에는 민비의 빈전(殯殿)을 이곳으로 옮기고 경운궁은 열성조(列聖朝)가 일찍이 임어(臨御)하시던 곳이라 하여 경복궁의 집옥재(集玉齋)에 봉안하여 오던 역대 선왕의 진영(眞影)을 옮겼다.

그 이듬해 2월 2일 고종은 아관파천 이후 처음으로 경운궁에 나와 공사 마무리를 독려하였다. 드디어 건양(建陽) 2년(1897) 2월 20일 왕과 왕태자가 러시아 공사관에서 경운궁으로 돌아와서 진전(眞殿), 빈전에 나아가 고유(告由:큰일이 있을 때 사당에 고하는 일)를 행하고 이어 환어조칙(還御詔勅)을 내렸다. 다음날 대유재(大猷齋)에서 정부 대신 각 나라의 공사, 영사들을 접견함으로써 이 궁궐은 오랜만에 다시 어거청정의 궁궐이 되었다.

고종은 먼저 진전의 영건을 분부하였다. 그것은 지난해 아관파천의 뒤를 이어 경복궁에 있던 역대 선왕 진영을 임시로 경운궁 별당에 봉안하고 있었기 때문이다. 건양 2년 4월 9일 상량문 제술관(上樑文製述官)을 임명한 것으로 보아 이때쯤 공사가 완료된 것으로 보인다.

그해 5월 20일에는 경복궁의 만화당(萬和堂)을 경운궁으로 옮기

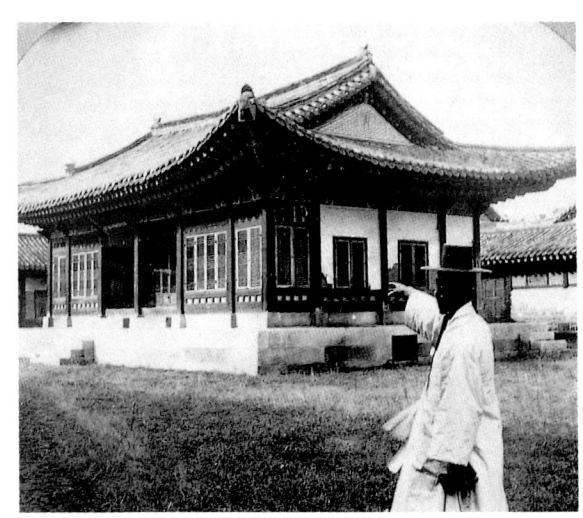

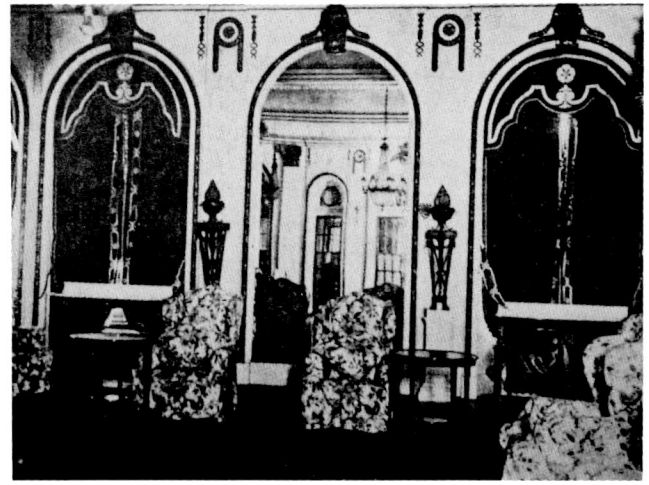

**화재 전의 함녕전** 아관파천 뒤 경운궁에 돌아온 고종은 경운궁의 수리와
함께 함녕전을 신축하였다. 1904년 화재 전의 함녕전 모습이다.(김원모
외 「한국의 백년」의 사진, 맨 위)
**경운궁 안의 접견실** 석조전 안에 있는 이곳에서 고종은 각 나라의 공사나
영사, 정부 대신들을 접견하였다.(황종훈 「대한제국고종황제국장화첩」의
사진, 위)

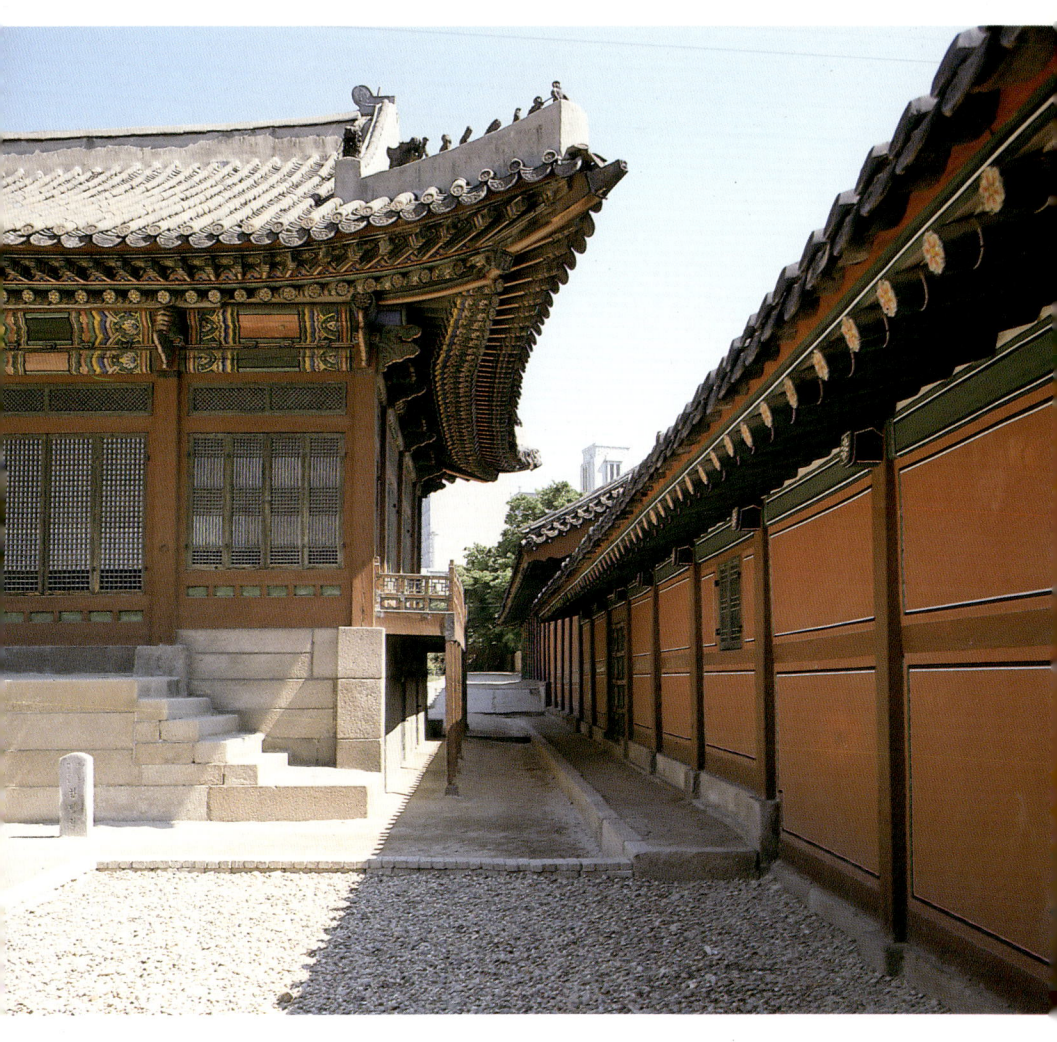

**함녕전 일곽** 함녕전은 황제의 침전으로 사용된 정면 9칸, 측면 4칸의 팔작지붕으로 된 전각이다. 1904년의 화재 뒤 중건과 몇 번의 수리를 거쳐 오늘에 이르고 있다.

게 하였으며 또 6월 19일에는 선덕전(善德殿)과 보문각(寶文閣)의 상량문 제술관이 임명되어서 만화당, 선덕전, 보문각이 이때 이축 또는 신축되었음을 알 수 있는데 선덕전은 함녕전(咸寧殿)의 옛 이름이다. 그리고 6월 25일에는 위의 두 전각과 함께 사성당(思成堂)의 현판(懸板)을 쓰게 한 것으로 미루어보아 그때 일부 전각들의 이름을 바꾼 것도 알 수 있다.

**함녕전 공포와 현판** 함녕전이 신축 된 당시는 선덕전이란 이름으로 전각이 건립되었으나 그 뒤 함녕전 으로 바뀌었다. 익공식으로 된 공포 와 함녕전 현판이다.

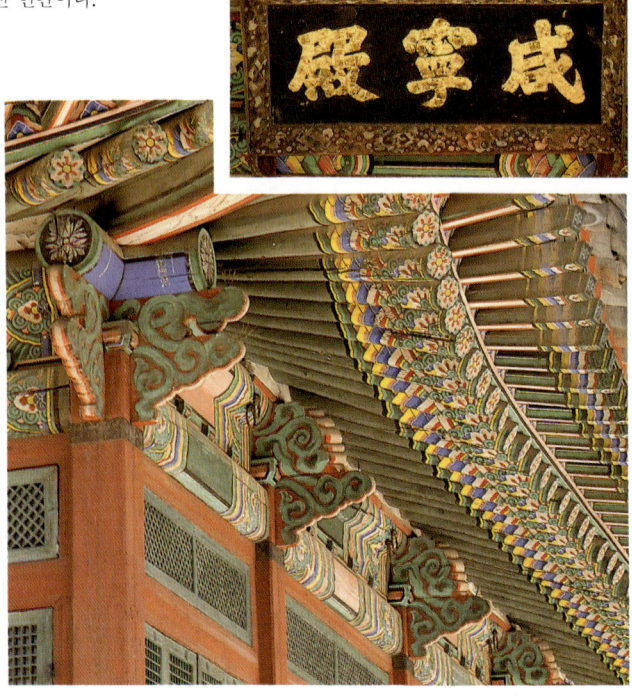

1900년 4월 20일 흥덕전(興德殿)을 마련하여 태조의 영정을 봉안하고 6월 15일에는 그 공사비를 지출하였다. 이때까지의 건축으로는 위에 든 것말고도 청목재(淸穆齋), 대유재, 경소전(景昭殿), 구성헌(九成軒), 인화문(人化門), 포덕문(布德門), 돈례문(敦禮門), 평성문(平成門), 영성문(永成門) 등이 기록에 보이나 이 건물들이 완성된 시일은 명확하지 않다.

정전으로는 즉조당이 사용되었는데 1897년 10월 7일 이 전각의 이름을 태극전(太極殿)이라 고쳤다. 그달 12일 왕은 황제가 되어 여기서 축하를 받았으나 다음해 2월 13일에 다시 중화전(中和殿)으로 이름을 바꾸었다. 환어한 지 3년이 지난 광무 4년(1900) 1월 28일에는 궁장 공사도 끝났으므로 이때 궁궐의 경계를 확정지었음을 알 수 있다.

광무 4년(1900) 10월 14일 밤, 앞서 본 것처럼 경운궁에서 가장 먼저 신축한 진전과 여기 봉안되어 오던 숙종을 비롯한 7위의 어진(御眞)이 함께 불타는 사건이 발생하였다. 고종은 전부터 진전이 좁아 늘 미안하게 여겼다고 하며 당장 진전 중건도감(眞殿重建都監)과 영정 모사도감(影幀摹寫都監)을 구성하고 다시 좋은 곳을 택하여 이 전각을 중건할 것을 분부하였다. 10월 24일 부지가 영성문 안 서쪽으로 결정되면서 10월 30일 치목(治木)이 시작되어 그 다음해 7월 11일 공사를 마쳤다. 그 동안 겨울 날씨가 추워 일을 소홀히 할 것을 염려하여 11월 23일 공사를 잠시 중단하기도 했으며, 가칠장가가(假漆匠假家)에서 우연히 실화한 사건이 있어 관련자를 엄중히 문책한 일도 있었다.

이와 같이 준공된 전각은 정전을 비롯하여 이안청(移安聽), 숙경재(肅敬齋), 내재실(內齋室), 어재실(御齋室), 좌우중배설청(左右中排說廳), 제기고(祭器庫), 내외주방(內外廚房), 생물방(生物房), 별군관처소(別軍官處所), 병정처소(兵丁處所) 등 모두 228칸이며, 그

가운데 54칸은 그 전 진전의 이안청, 어재실, 정전행각, 별군관처소 등을 옮겨 완성한 것으로 되어 있다. 위의 전각 주위로 원장 70여 칸, 출입문 15개소, 축대, 은구(隱溝), 제정(祭井)의 공사도 있었다. 1901년 10월 16일 수옥헌(漱玉軒)에서 불이 났는데 그 실화 원인을 법부에서 조사하지 않고 내사에 그친 일이 있다.

앞에서도 밝힌 것처럼 고종은 경운궁으로 옮긴 뒤 처음에는 즉조 당을 법전의 대용으로 사용했다. 그러나 당시는 국가의 중흥을 도모 하던 때로 황실의 존엄성과 국력을 과시하고자 하는 욕구가 팽배하

**화재 전의 중화전**　경운궁은 신하들의 조하를 받는 중층 중화전을 영건함으로써 다른 궁궐에 비길 만한 면모를 갖추었으나 지금은 화재를 당하여 애석하게도 그 위용을 볼 수 없다. 1904년 화재 발생 전의 중화전이다. 뒤에 보이는 양관은 구성헌이다. (도변호 외 「조선명승기」의 사진)

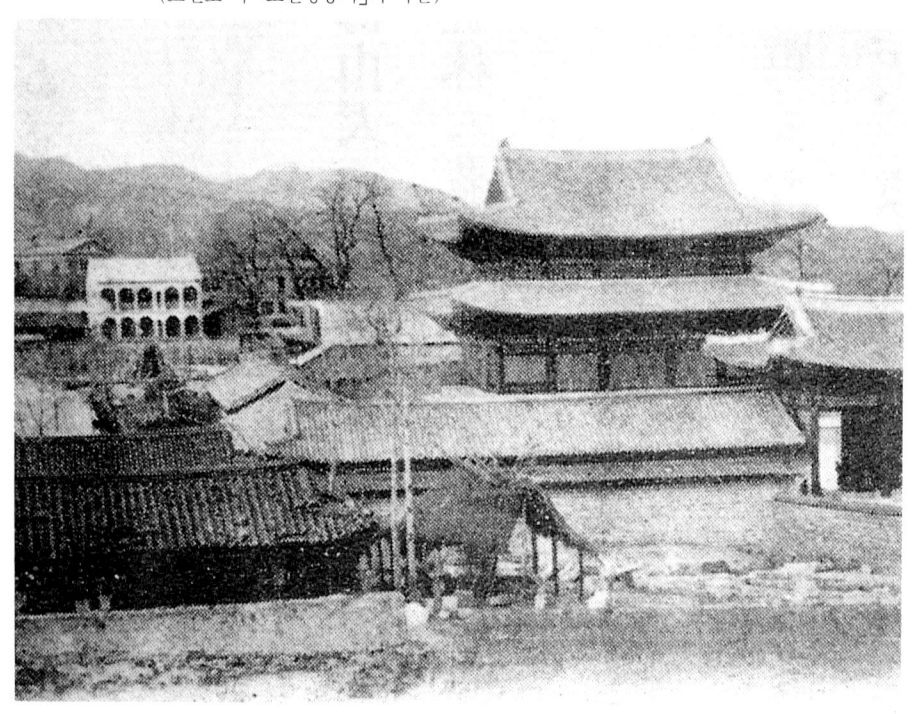

였으므로 이에 만족할 수 없었다.

　가뭄 때문에 토목 공사를 중지했던 고종은 법전이 없는 상태로 5년이 지나 시급하다고 하고 법전의 신축을 위한 영건도감의 설치를 명한다. 1901년 10월 11일 공사를 시작하여 1902년 9월 13일에 이르러 경복궁, 창경궁의 법전에 견줄 만한 중층의 법전인 중화전의 상량을 마치게 된다. 그 상량일을 처음 5월 30일로 정하였으나 7월 31일로 변경하고 다시 9월 13일로 연기한 것으로 미루어보더라도 처음의 계획대로 진행되지 않았던 공사의 사정을 짐작할 수 있다. 상량문을 짓는 데 있어서도 창덕궁 인정전과 경복궁 근정전의 전례에 견주어 격이 떨어지지 않도록 애썼음을 알 수 있다. 이때

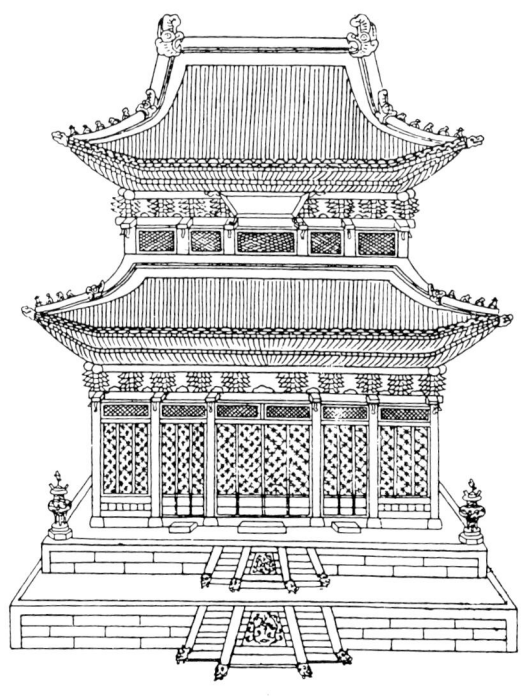

**중층 중화전 정면도**　2중 석조 기단에 중층으로 된 화재 전의 중화전 정면도로서 「중화전영건 도감의궤」에 실려 있다.

상량문은 의정부의정(議政府議政) 윤용선(尹容善)이 만들었다.

법전과 함께 너비 2칸의 중화전 행각(行閣) 128칸, 중화문(中和門), 조원문(朝元門), 용강문(用康門), 운교(雲橋)가 완성되었다. 그 밖에 궁궐 터전의 확장으로 인한 대안문(大安門) 남쪽, 운교 건너편 쪽 궁장 399.5칸의 공사도 있었다.

경운궁은 중화전의 영건으로 경복궁, 창덕궁에 비길 만한 궁궐의 면모를 대강 갖추었으나 광무 8년(1904) 4월 14일 다시 큰 화재로 그 동안 수리하고 신축하였던 중요 건물들을 거의 다 태우는 변을 당하였다. 이때의 화재는 수리 공사를 하던 함녕전의 온돌 아궁이에서 비롯되었는데 불길은 마침 불어오는 거센 바람을 타고 옆 건물로 옮겨갔다. 함녕전은 물론 중화전, 즉조당, 석어당, 경효전 등 궁궐 중심부의 전각들과 관아 및 그 내부의 소장품을 모두 태웠다.

그 당시의 공사 관련자였던 실화 범인은 중형으로 처벌된 것으로 기록되어 있다. 그러나 각 전각이 행각으로 연결되어 있었고 아무리 바람이 세차게 불었다고는 하지만 연소의 범위가 이처럼 엄청난 데에는 의문이 없지 않다. 경운궁에서 고종이 거처하는 것을 싫어하던 일본인들의 방화라는 추측도 있다.

이때 고종은 잿더미 위에서 다시 한번 경운궁 중건의 단호한 결의를 밝힌다. 당시는 러시아와 일본이 전쟁을 시작하려 할 때이며 나라 안팎으로 큰 공역을 일으킬 형편이 안 되었다. 따라서 다른 궁궐로 이어하는 것이 좋겠다는 의견도 있었으나 받아들이지 않았다. 이러한 결정에는 러시아, 미국, 영국에 의지하면서 일본의 침략을 막아 나라를 구하려는 속셈이 강하게 작용한 것으로 보인다. 그 이튿날 고종은 경운궁 중건도감을 설치하고 업무를 시작하였다.

1904년 5월 14일에서 1906년 5월 17일까지 즉조당, 석어당, 준명당(浚明堂), 함유재(咸有齋), 흠문각(欽文閣), 중화전, 함녕전, 영복당(永福堂), 함희당(咸喜堂), 양이재(養怡齋), 경효전(景孝殿),

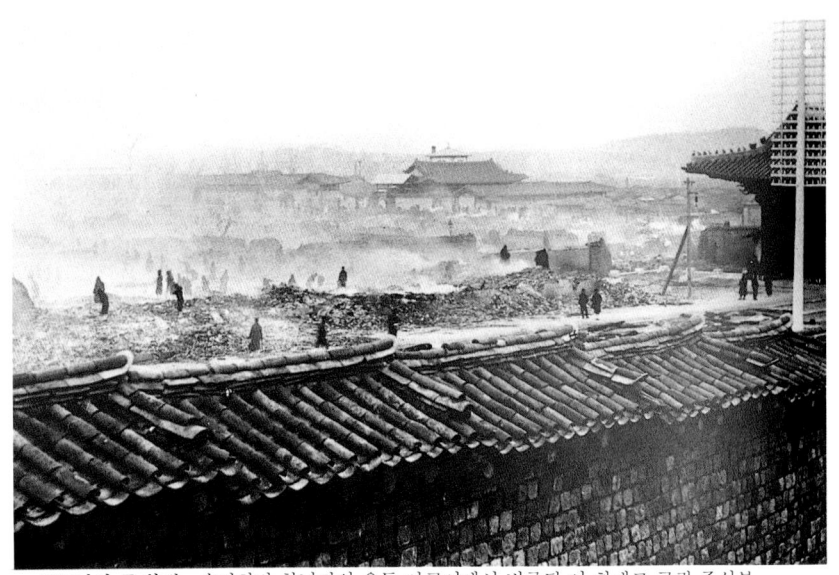

1904년의 큰 화재  수리하던 함녕전의 온돌 아궁이에서 비롯된 이 화재로 궁궐 중심부의 전각들이 불탔고 가정당, 돈덕전, 구성헌만 겨우 남았다.(「한국의 백년」)

중화문, 조원문, 대한문(大漢門)의 순서로 상량되었다.

그 가운데에서도 중화전, 함녕전, 영복당, 함희당, 양이재, 경효전, 중화문 등의 공사는 1905년 1월 추운 겨울날에 진행되었다. 그만큼 주위의 사정이 긴박하여 공사를 독촉하였음을 알 수 있다.

중화전은 애석하게도 중층에서 단층으로 축소되었으나 면적, 간살의 너비, 당가(唐家), 좌탑(座搨)의 크기는 그 전과 다를 바 없다. 중건된 중화전 평주(平柱)의 높이는 17자로 본래 중화전 하층의 평주보다 한 자 높아졌으며, 추녀의 길이는 35자로 그 전 하층의 추녀보다 12자 길어졌다. 중화문은 남쪽으로 퇴축되었으며 조원문은 동남쪽으로 그 위치가 변경되었으나 규모는 각각 그 전 것과 같다. 대한문은 그 전의 대안문이 수리되고 이름만 고쳤다.

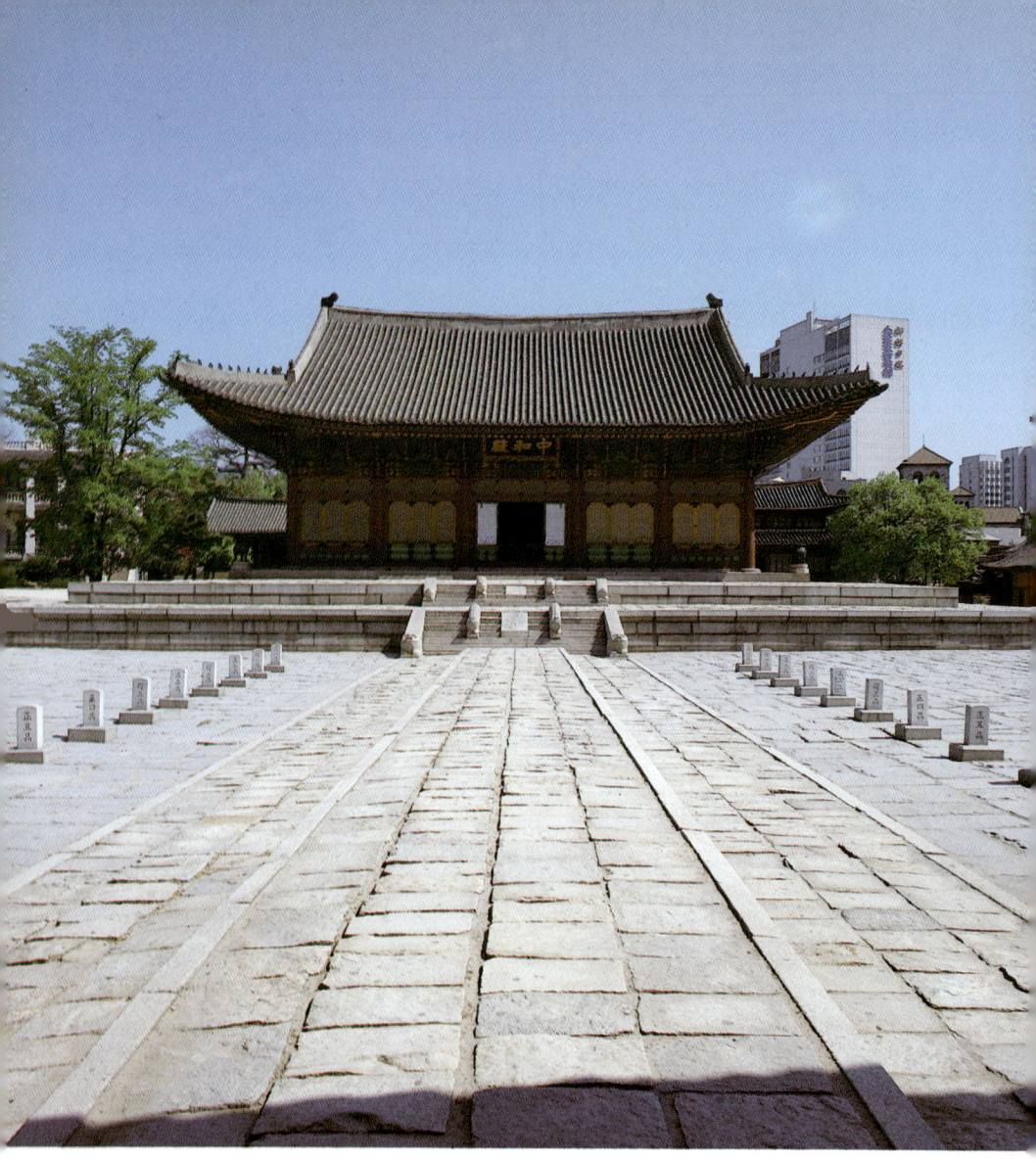

**중화전** 화재 뒤 중건된 중화전은 중층에서 단층으로 축소되었으나 면적이나 간살의 너비 등은 그 전과 같다. 지붕 위의 잡상이나 용두 그리고 앞마당에 질서 정연하게 늘어서 있는 품비석이 왕실의 위엄과 권위를 더해 준다.

40 고종 시대의 경운궁

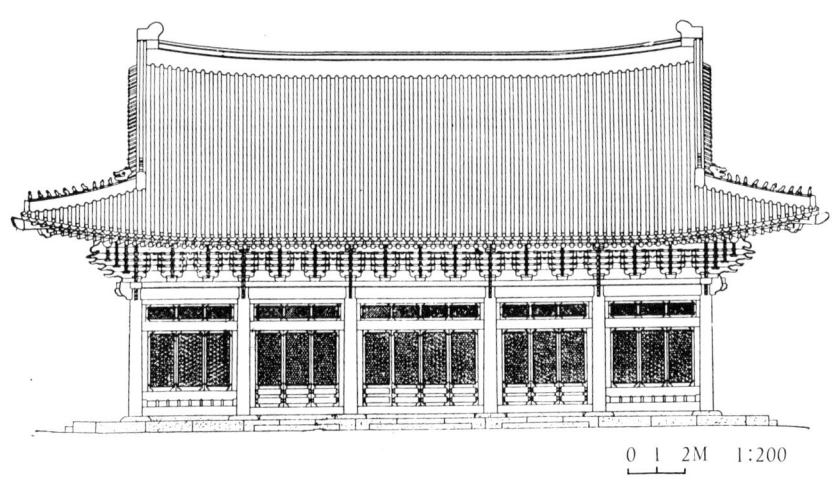

0  1  2M    1:200

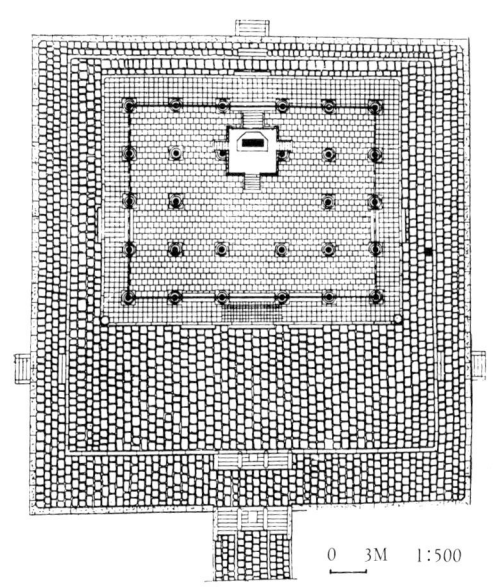

0    3M    1:500

단층 중화전 정면도(「건축」14권 37호, 대한건축학회, 맨 위)
중화전 평면도(「건축」14권 37호, 대한건축학회, 위)

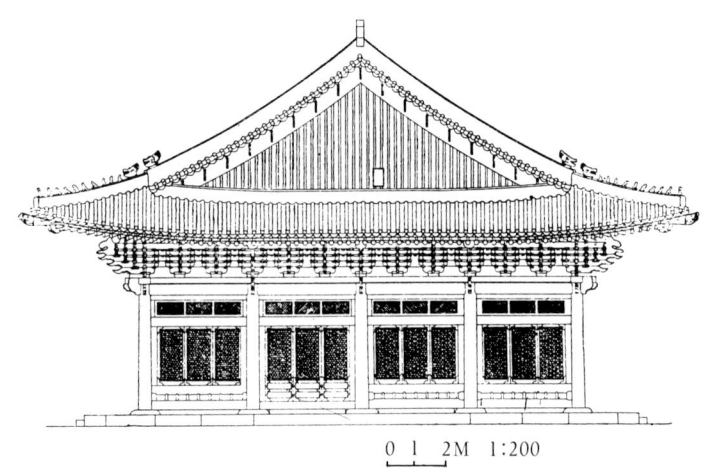

0 1 2M 1:200

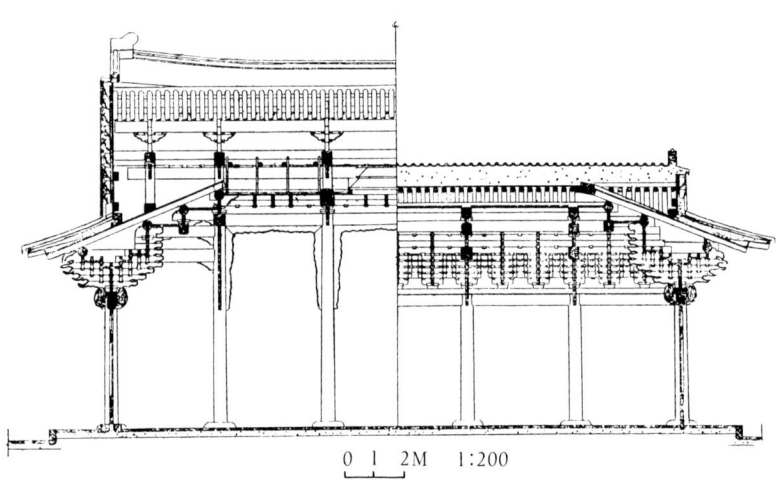

0 1 2M 1:200

중화전 측면도와 횡단면도(「건축」 14권 37호, 대한건축학회, 맨 위, 위)

그 뒤 중화전, 함녕전, 경효전, 준명당, 석어당, 영복당, 함희당 등의 행각도 마련하였다. 그리고 경효전에 부속된 내재실(內齋室), 어재실(御齋室), 이안청중배설청(移安廳中排設廳), 돈례문(敦禮門), 장방처소(長房處所) 등과 덕경당(德慶堂), 삼축당(三祝堂), 유호실(攸好室), 광명문, 건극문, 봉양문(鳳陽門), 연광문(延光門) 등도 이루었으며, 궁내부(宮內部), 시강원(侍講院), 태의원(太醫院), 비서원(祕書院), 공사청(公事廳), 내반원(內班院), 감여고(藍輿庫) 등도 갖추었다. 또 위의 전각 주위에 용덕문(龍德門)을 비롯한 일각문(一脚門) 33개소, 화초장(花草墻) 202칸, 장원(墻垣) 113칸, 문 옆 간장(間墻) 44칸, 금천교(禁川橋) 등의 공사도 끝냈다. 「장역기철」을 보면 이때 양복당(養福堂), 의효전(懿孝殿), 명덕당(明德堂), 수옥헌, 홍원(紅園), 흥덕전 등의 공사도 있었음을 알 수 있다.

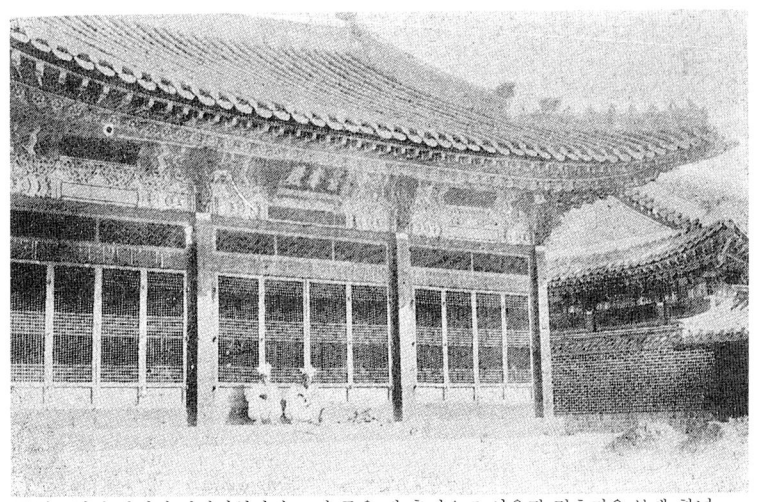

**경효전** 원래 민비의 빈전이었다가 그가 죽은 뒤 혼전으로 사용된 경효전은 본래 함녕전 서쪽에 있었으나 화재로 불탄 뒤 중명전 북쪽으로 옮겨 재건되었다.(「조선명승기」)

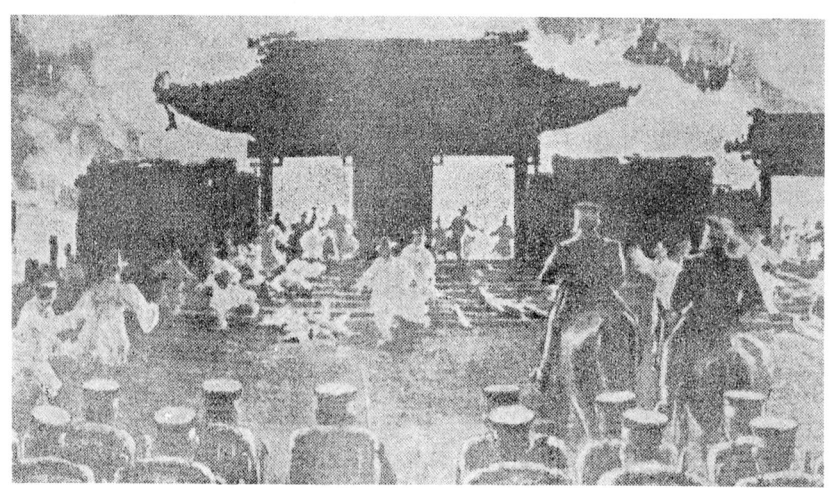

**1904년의 화재** 경운궁에 고종이 머무르던 것을 싫어하던 일본인들이 을사보호조약을
앞두고 저지른 방화로 추측한다. 불이 나자 궁중의 사람들이 광명문을 통해 뛰쳐
나오는 것을 일본 경찰이 지켜보고 있다.(오소백「한국 100년사」한국홍보연구소)

지금 우리가 볼 수 있는 중화전, 중화문, 광명문, 즉조당, 준명전,
석어당, 함녕전, 대한문 등은 모두 이때 지은 것이다.

경운궁 중건은 일본에게 우리의 국권을 잠식당하는 과정에서도
계속 진행되었다. 공사 도중 한국과 일본 사이에 체결된 조약 이름
과 내용은 다음과 같다.

| 일시 | 조약 이름 | 내용 |
|---|---|---|
| 1904년 2월 13일 | 한일의정서 | 내정 간섭, 군사 기지 확보 |
| 〃 8월 22일 | 제1차 한일협약 | 고문 정치 |
| 1905년 11월 17일 | 제2차 한일협약<br>(을사보호조약) | 보호 정치, 통감부 설치 |
| 1907년 7월 24일 | 한일신협약<br>(정미조약) | 차관 정치 |

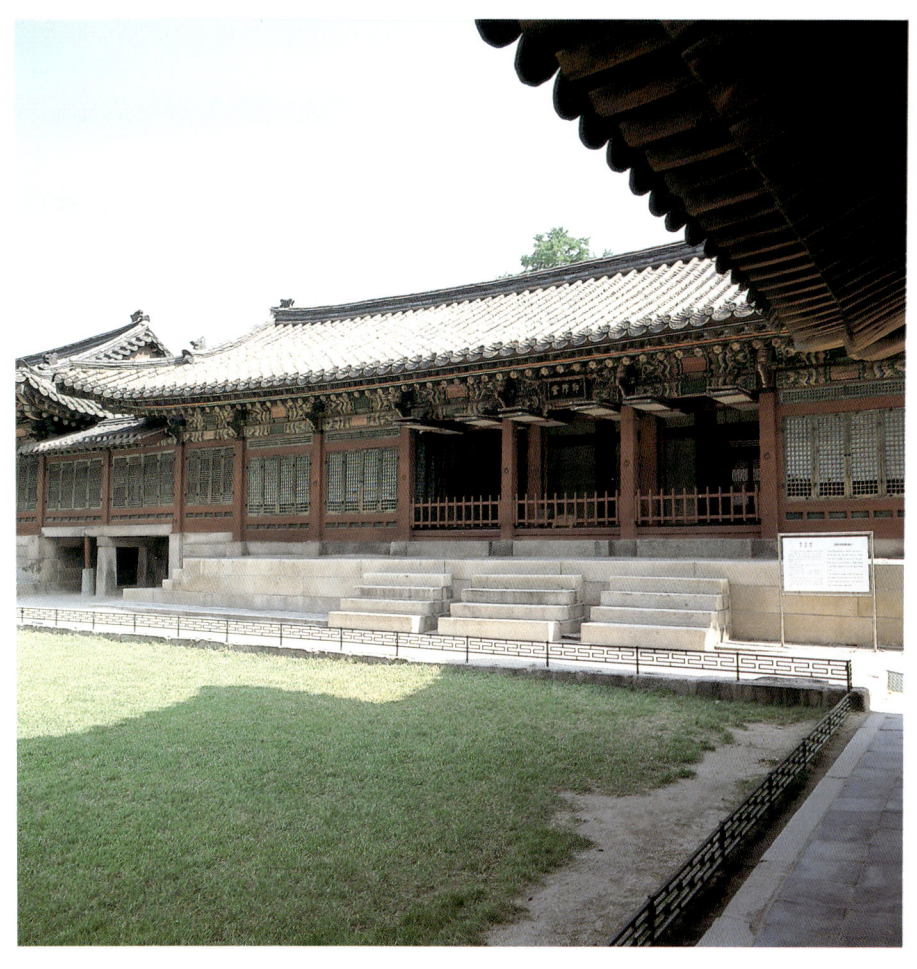

**즉조당**  중화전이 건립되기 전 한때 정전으로 사용되었던 즉조당은 인조가 이곳에서
즉위하였다 해서 붙여진 이름이다. 그 뒤 귀비 엄씨의 거처로 사용되었다.

중화전 영건도감은 1901년 8월 26일부터 1904년 4월 14일까지 설치되어 임무를 다 하였다. 중화전 영건도감의 공사 일정은 다음과 같다.

| 날짜 | 공사 내용 |
|---|---|
| 1901년 10월 11일 | 치석 시역 |
| 〃 12일 | 치목 시역 |
| 1902년 3월 6일 | 개기 시역 |
| 〃 4월 22일 | 중화전 정초 |
| 〃 5월 4일 | 중화전 입주 |
| 〃 8월 10일 | 중화문 정초 |
| 〃 20일 | 중화문 입주 |
| 〃 9월 13일 | 중화전 상량, 중화문 상량 |
| 〃 22일 | 어탑(御榻), 당가 입배(入排) |
| 〃 10월 11일 | 오봉병(五峯屛), 곡병(曲屛) 입배 |
| 〃 17일 | 품비석(品碑石), 향로(香爐) 입배 |
| 〃 27일 | 조원문 정초, 입주 |
| 〃 11월 12일 | 조원문 상량 |

어탑은 계단이 설치된 임금이 앉는 옥좌(玉座)이며, 당가는 그 위의 닫집이다. 곡병, 오봉병은 옥좌 뒤에 두르는 나무로 만든 병풍이다. 오봉병은 오악(五嶽)의 신을 상징하는 다섯 산봉우리와 음, 양을 상징하는 해와 달 그림이 있는 위엄있는 병풍이다.

경운궁 중건도감은 1904년 4월 15일부터 1907년 2월 12일까지 설치되어 있었고, 이 도감의 공사 일정은 다음과 같다.

| 날짜 | 공사 내용 |
|---|---|
| 1904년 4월 20일 | 개기 시역, 치목 시역 |
| 〃 27일 | 즉조당, 석어당 정초 |
| 〃 5월 1일 | 즉조당, 석어당 입주, 경효전(景孝殿) 정초 |
| 〃 6일 | 경효전 입주 |
| 〃 9일 | 경효전 상량 |
| 〃 14일 | 즉조당, 석어당 상량 |
| 〃 6월 14일 | 준명당, 함유재 정초 |
| 〃 20일 | 준명당, 함유재 입주 |
| 〃 30일 | 준명당, 함유재 상량 |
| 〃 7월 1일 | 흠문각 개기 |
| 〃 8일 | 흠문각 정초, 경효전 당가 입배 |
| 〃 13일 | 흠문각 입주 |
| 〃 9월 22일 | 중화전, 함녕전 개기 |
| 〃 10월 6일 | 함녕전 정초 |
| 1905년 1월 8일 | 경효전, 덕언당 철훼 |
| 〃 9일 | 중화전, 중화문 정초, 함희당, 양이재 개기, 함녕전 입주 |
| 〃 10일 | 영복당 개기 |
| 〃 16일 | 중화전 입주, 영복당, 경효전, 함희당, 양이재 정초 |
| 〃 21일 | 중화전, 함녕전 상량, 경효전, 중화문 입주 |
| 〃 22일 | 영복당 입주 |
| 〃 25일 | 함희당, 양이재 입주 |

| 날짜 | 공사 내용 |
|---|---|
| 1905년 1월 26일 | 영복당 상량 |
| 〃 2월 2일 | 중화문, 경효전, 함희당, 양이재 상량 |
| 〃 4월 10일 | 중화문 퇴건(退建) |
| 〃 22일 | 중화문 정초, 조원문 철훼, 경효전 당가 입배 |
| 〃 6월 23일 | 조원문 개기 |
| 〃 7월 3일 | 조원문 정초 |
| 〃 5일 | 조원문 입주, 상량 |
| 〃 27일 | 중화전 당가 입배 |
| 〃 8월 22일 | 중화전 좌탑 입배 |
| 〃 24일 | 중화전 오봉병, 곡병, 용향로, 품비석 입배 |
| 1906년 5월 5일 | 대안문 수리 시역 |
| 〃 17일 | 대한문 상량 |

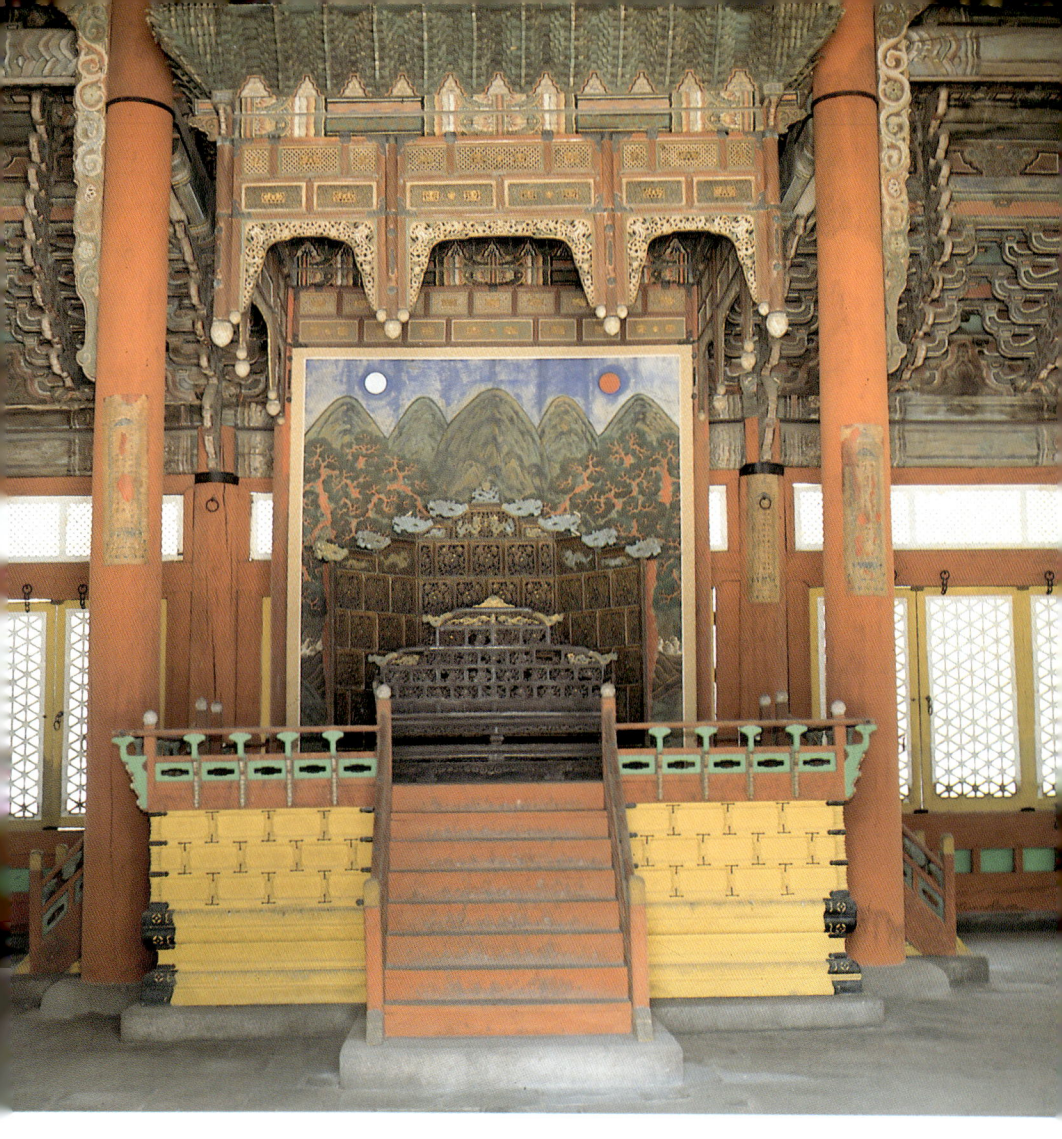

**중화전 당가**  당가는 법전 안의 옥좌 위에 집 모양으로 만들어 얹는 닫집이다. 이것은
옥좌 뒤에 있는 오봉병과 곡병 등과 어우러져 왕의 위엄을 더해 준다.

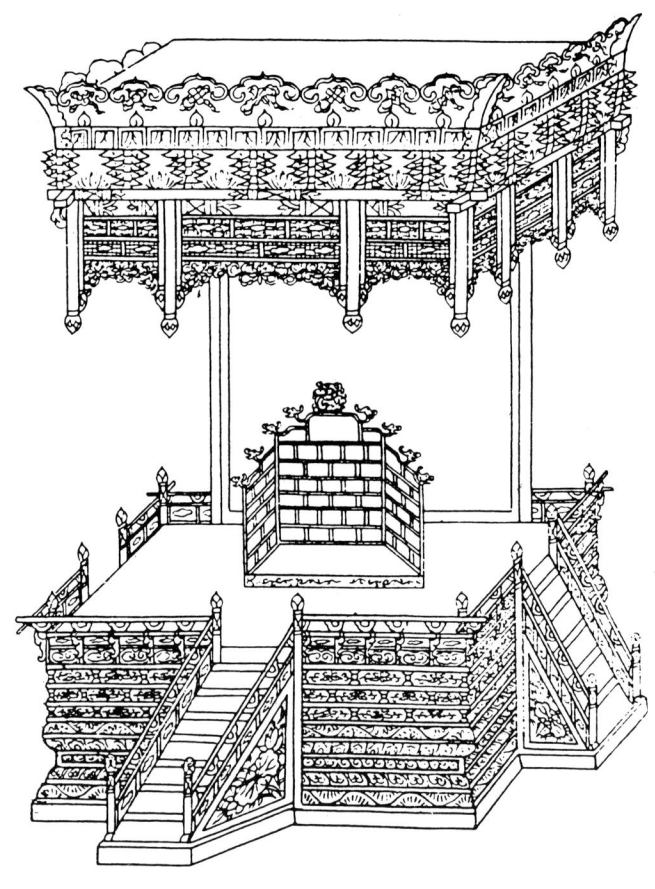

**중화전 당가 정면도** 중화전 영건 기간인 1902년 9월 22일 어탑과 함께 입배한 당가
의 정면도로서 「중화전영건도감의궤」에 실려 있다.

# 경운궁의 공사 집행

경운궁의 공사는 주로 진전 중건도감, 중화전 영건도감, 경운궁 중건도감 등 도감에 의하여 집행되어 왔다. 도감이 설치되기 전에는 경운궁 역소(慶運宮役所), 경운궁 영건소(慶運宮營建所)와 같은 간이 기구에서 이 일을 담당했었다.

국가 행사가 있을 때 그 행사는 주관하는 임시 관청을 설치하였다가 행사가 끝나면 이를 파하였으며 이러한 임시 관청을 도감이라 불렀다. 세 도감에서는 각각 「의궤」를 남기고 있어 뒷날에 참고할 수 있다. 일반적으로 도감에서는 행사를 치른 과정 일체를 날짜 순으로 기록한 등록(謄錄)을 만들었다가 나중에 이 등록에 다른 자료를 보완, 정리하여 의궤를 만드는 것이 관례이다.

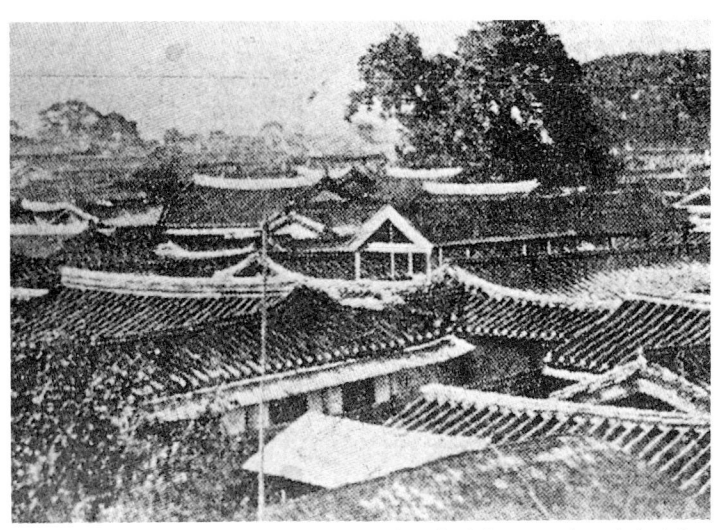

**중화전이 영건되기 전의 경운궁** 1898년경 경운궁의 전경으로 당시 주변의 민가를 많이 수용하여 궁궐을 만든 것을 알 수 있다.(이강훈 「독립운동대사전·권1」의 사진)

의궤말고도 특히 경운궁의 중건에 관하여서는「중건도감회계 (重建都監會計)」「장역기철(匠役記綴)」「중화전중건예산명세서(中和殿重建豫算明細書)」「함녕전신건예산명세서(咸寧殿新建豫算明細書)」「덕수궁중건도감상하기(德壽宮重建都監上下記)」「경운궁중건역비청구서(慶運宮重建役費請求書)」등이 서울대학교 규장각도서 (奎章閣圖書)에 전해 온다. 모두 필사본이지만 관찬 사료(官撰史料)로서 신빙성이 높은 기록이다. 여기에는 이 공사의 책임을 맡았던 여러 관료의 직인도 갖추고 있다.

도감에 따라 약간 차이는 있으나 경운궁 중건도감에는 도제조 (都提調), 제조(提調), 낭청(廊廳), 별간역(別看役), 도패장(都牌長), 패장(牌長), 대령순검(待令巡檢), 고원(雇員), 서사(書寫), 고직(庫直), 사고직(私庫直), 사령(使令), 사환(使喚), 수공(水工), 사환기수 (使喚旗手), 복직(卜直), 공장(工匠), 담군(擔軍), 모군(募軍) 등의 직급이 있었다.「중건도감회계」를 보면 낭청 별간역의 수는 원(員)으로, 순검 고원 서사의 수는 인(人)으로, 그 나머지 직급의 수는 명(名)으로 셈하고 있어 도감에서의 위계를 살필 수 있다.

경운궁 중건도감의 공사 체제는 다음 그림과 같다. 숫자는 인원 수를 나타낸다.

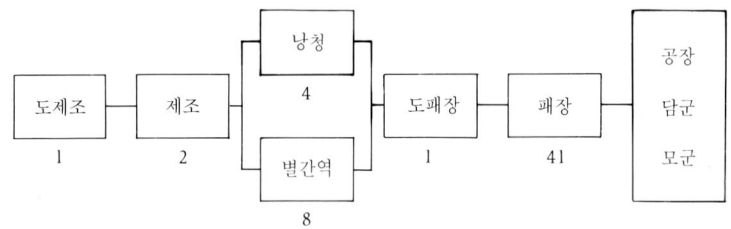

도제조와 제조는 겸임이며 실제로 전임직인 낭청, 별간역, 패장 등과 임시직이라 할 수 있는 공장(工匠)의 역할이 컸다.

양주군 장흥면 소천동 연목척벌소(楊州郡長興面少泉洞椽木斫伐所)의 책임자는 낭청이었으며, 사호 강치목소(沙湖江治木所)의 책임자는 별간역이었다. 곧 낭청은 사무직이며 별간역은 기술직임을 알 수 있다.「중건도감회계」「장역기철」등 공사 기록에서 낭청 서정대(徐廷大), 별간역 김희석(金禧錫)의 결재인으로 미루어보아 그들은 같은 직급의 다른 사람들보다 맡은 책임이 컸음을 알 수 있다.

「장역기철」을 보면 도패장 정순옥(鄭順玉)은 중건소 치목가가(重建所治木假家)에서 선장초치련역(船匠初治鍊役), 걸거장역(乬鉅匠役), 조리장역(條理匠役) 등을 시종 관리하였고, 옥성윤(玉聲潤)은 창의궁 치목소(彰義宮治木所)에서 창호목물인조역(窓戶木勿引條役)을 도맡아 그들의 임무가 무거웠음을 알 수 있다. 선장초치련역, 걸거장역, 조리장역 등은 나무를 자귀질하고 자르고 켜는 일을 한다.

창의궁(彰義宮)은 지금의 통의동(通義洞)에 수령 600년을 헤아리는 백송이 있는 곳에 있었다. 원래 영조가 왕위에 오르기 전에 살던 집이 이곳에 있었다고 한다. 공사장과 상당한 거리를 두고 창호 작업소가 있었다.

경운궁 중건도감의 도편수(都邊首) 홍순모(洪淳模)는 중화전 영건도감에서 부편수(副邊首)로 일했고, 부편수 김용운(金龍雲)도 역시 전기 도감에서 상층공답편수(上層工踏邊首)를 지낸 사람들로 그들은 모두 능력을 인정받아 중용된 것으로 보아야 한다.

중화전 영건도감에서 도편수로, 진전 중건도감에서 정전 도편수로 활약하였던 한수준(韓壽俊)은 경운궁 중건도감의 패장이 되었으며, 그 전에 증건도감(增建都監)과 영희전 영건도감(永禧殿營建都監)에서 도편수와 정전 도편수로 일하였던 박계홍(朴啓弘)은 중화전 영건도감에서 상층정현편수(上層正鉉邊首)로 고용되었으며 그 뒤

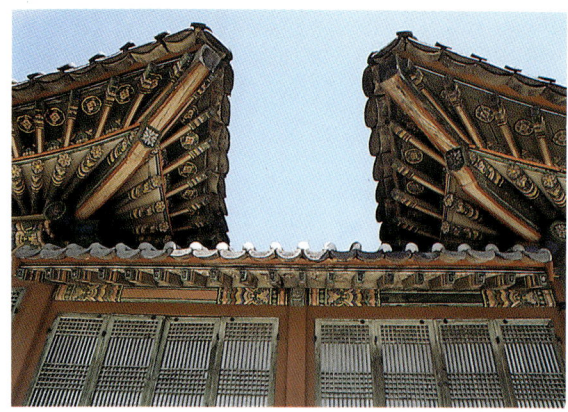

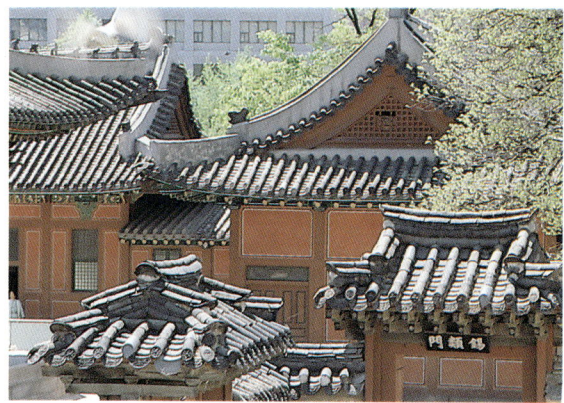

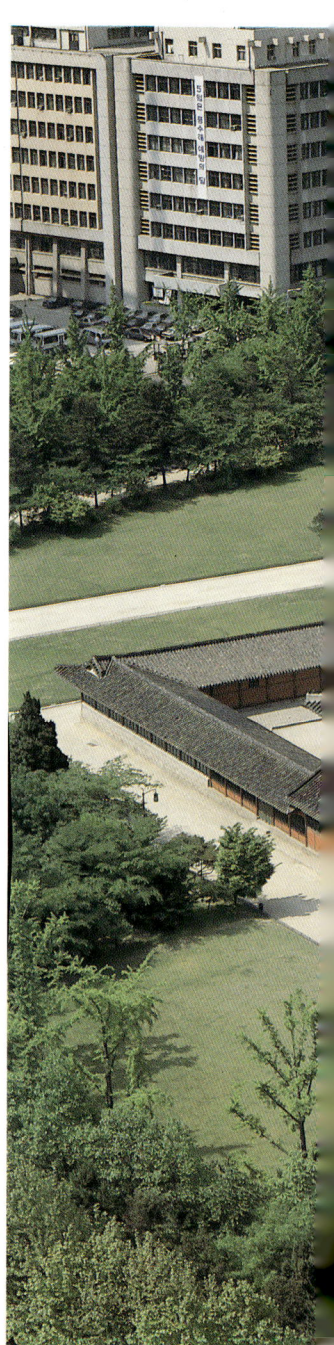

경운궁 전경　하나의 별궁처럼 인식되고 있는
경운궁의 궁역은 실제로 많이 축소되어 남아
있다. 중건 당시의 여러 전각들이 철훼되었으
며 유존하는 전각들 주위도 그 전 분위기를
잃고 있다. 중화전 주위의 행각과 함녕전 주위
의 회랑만이라도 복원되어야 이 궁궐이 생기
를 되찾을 수 있을 것이다.(옆면)

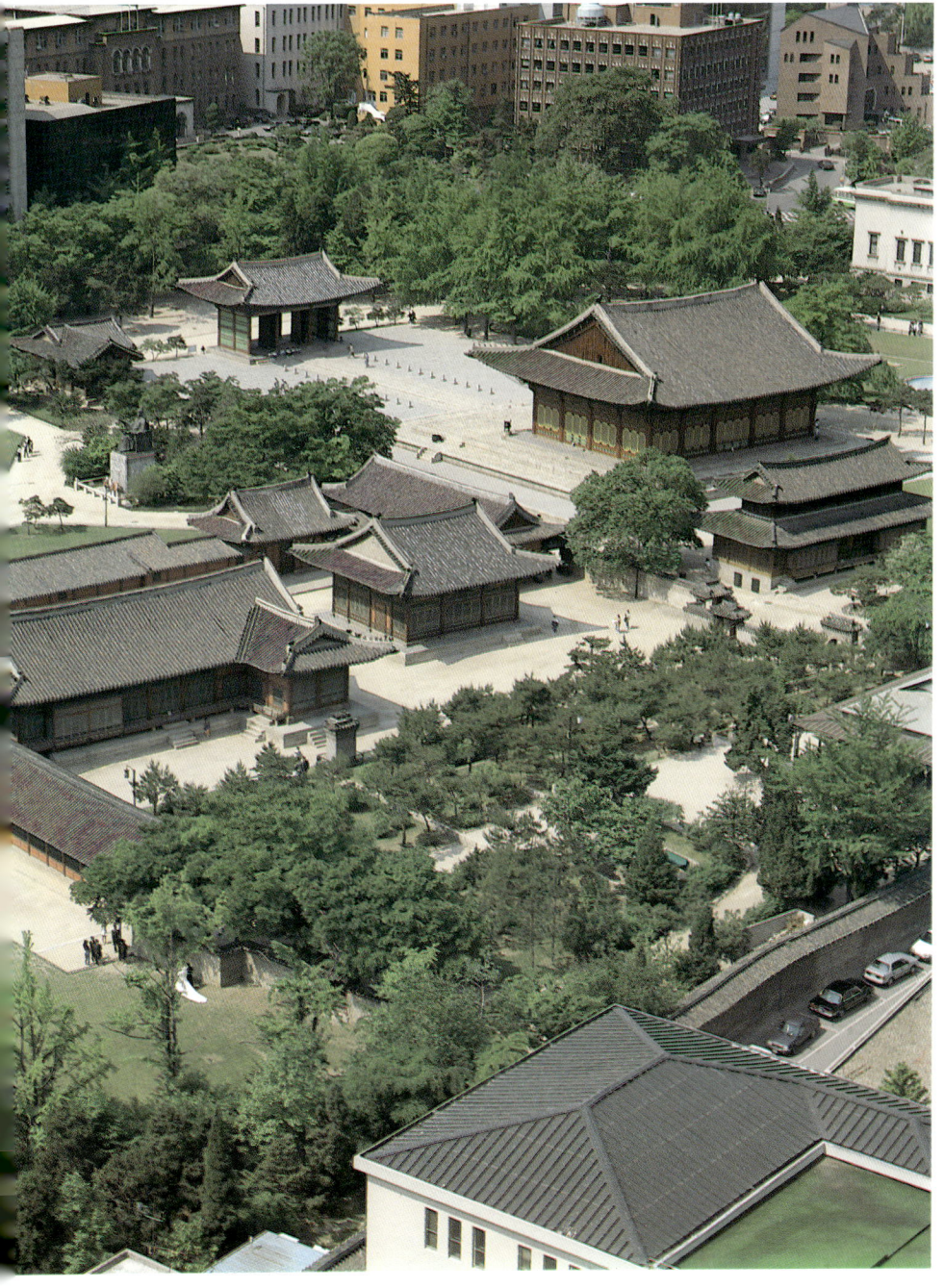

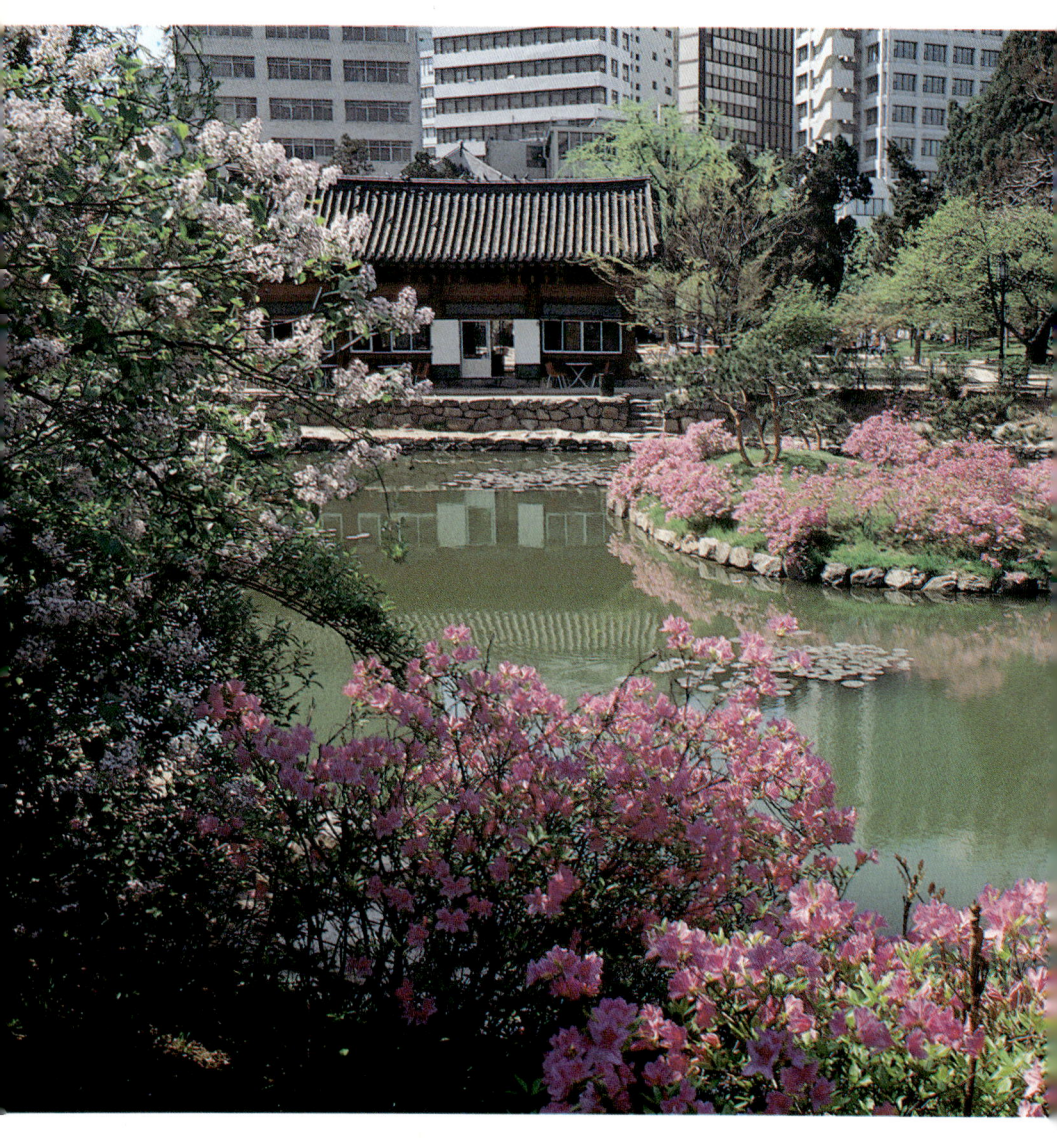

**경운궁 연못**   대한제국 때 있었던 영복당 자리 근처에 지금은 연못이 조성되어 있다.

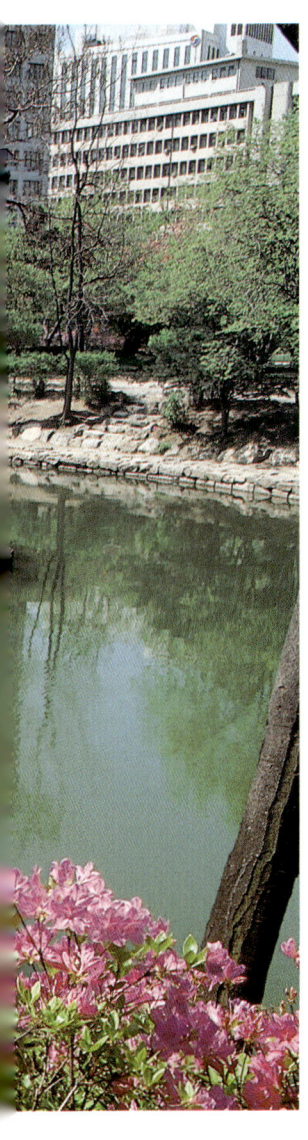

영선사(營繕司)의 위원으로 승진하였다. 석수(石手) 도편수 정용문(鄭龍文)과 부편수 배학성(裵學成)은 진전 중건도감 이후로 함께 일하였으며 또 배학성은 증건도감과 영희전 영건도감에서 석수 도편수와 정전 도편수를 맡은 바 있다.

경운궁 중건도감에서 영선사의 주사(主事) 이호집(李鎬漢)은 낭청이 되고, 또 기사(技師) 최재붕(崔在鵬), 위원(委員) 이종운(李鐘雲), 주사 박봉양(朴鳳陽) 등은 별간역이 된 것을 볼 수 있다. 영선사는 왕실에 속하는 토목 영선 관계의 일을 관장한 기구이다.

이 관청은 갑오경장(甲午更張) 이후 일본의 주장대로 의정부(議政府)와 궁내부(宮內府)를 분리시켜 왕실을 정치적 일선에서 물러서게 하려는 의도로 궁내부 관제(官制)가 공포되면서 설치되었다. 영선사는 당시의 건설 기술자 집단으로 수시로 개설되는 도감과는 인력의 교류가 많았다. 도감이 구성될 때에는 대개 영선사에서 회의가 열리며 이곳을 도감의 사무실로 사용하기도 하고 영선사의 직원이 도감에 참여했다가 다시 복귀하기도 했다. 당시 왕실 건축의 설계, 공사는 그 동안 많은 경험이 축적된 그들 중심으로 이루어졌을 것이다.

「진전중건도감의궤」「중화전영건도감의궤」「경운궁중건도감의
궤」의 '재용조(財用條)'를 보면 이 공사를 위하여 각 도감에서 쓴
공사비 규모를 알 수 있다.

　진전 중건도감은 탁지부 이래전(度支部移來錢) 87만 1,010냥
(兩)을 썼고, 중화전 영건도감 역시 탁지부 이래전 325만 냥을 썼
다. 경운궁 중건도감은 내하전(內下錢) 93만 냥과 탁지부 이래전
702만 2,764냥을 합하여 795만 2,764냥을 들였는데 여기에는 내장
사 이래전(內藏司移來錢) 410만 8,764냥이 포함되어 있다.

　내하전은 고종이, 내장사 이래전은 궁내부의 내장사에서, 탁지부

**함녕전 행각**　본래의 행각을 개조하여 만든 것이다. 토벽 없이 정자살 띠살로 된 사분
합문을 달았다.

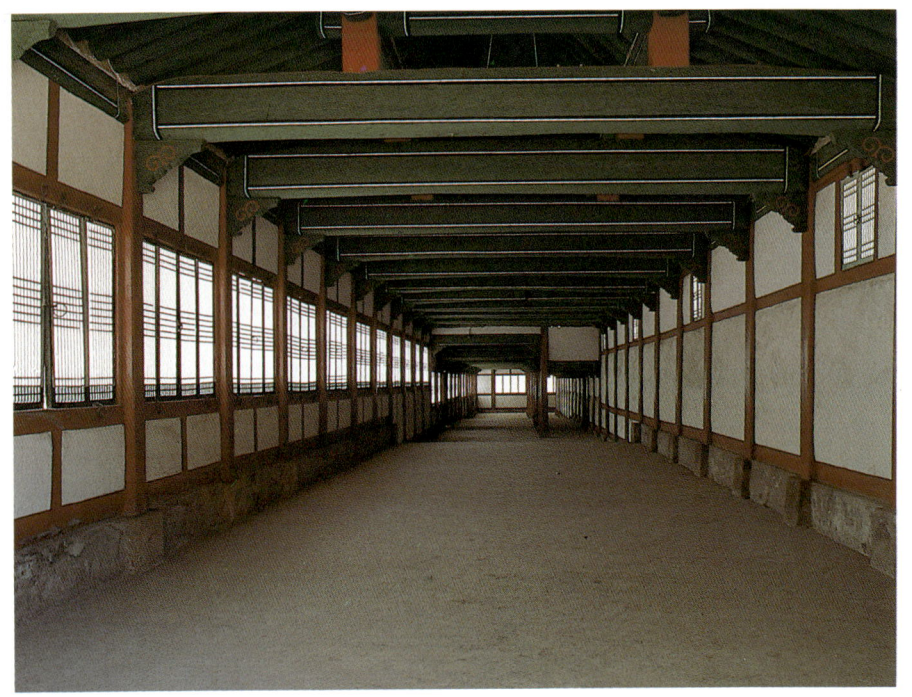

이래전은 의정부에서 마련한 돈이다. 내하전과 내장사 이래전은 고종이 특별히 마련한 돈이라고 볼 수도 있다. 내하전과 내장사 이래전의 출처를 밝힐 수는 없으나 이 돈을 마련하는 데 당시 고종의 신임을 받고 내장원경(內藏院卿)이 되어 광산 채굴권, 인삼 전매 등의 사업을 철저히 감독하여 황실의 재산 관리를 충실히 했던 이용익(李容翊)의 역할이 컸을 것으로 짐작된다. '일본외교문서'에 보면 고종은 탁지부에 사람이 용빙(예를 갖추어 고용함)되었음에도 불구하고 일본인 재정 고문이 내장원의 사무에도 간여하는 것은 용빙 취지에 어긋나므로 내장원 사무를 이용익이 관장하도록 할 생각이 있었다. 따라서 내장원에서 손을 떼도록 일본 조정에 부탁한 일이 있다. 경운궁 영역을 확장할 목적으로 정동 교회 기지를 매매 계약할 때에도 이용익이 간여한 바 있다.

공사비에는 일시 돌려 쓴 지방비도 상당히 포함되어 있다. 「경운 궁중건도감의궤」의 '조회(照會)' '내조(來照)' '훈령(訓令)' '보고 (報告)' 등에는 우선 지방비를 쓰고 보고하면 세금을 공제하겠다는 내용, 지난해의 미수된 결호전(決戶錢)을 활용하겠다는 내용, 그해의 추호포전(秋戶布錢)을 미리 쓰겠다는 내용의 공문이 눈에 띤다.

전라남북도와 강원의 관찰부(觀察府)에 대량(大樑)과 추녀(春舌) 재목을 구하러 박계홍(朴啓弘)을, 동래군(東萊郡)에 역시 재목을 구하러 최백연(崔伯鉛)과 임영춘(林英春)을, 강화부(江華府)에 전석(磚石)을 구하러 김교면(金敎冕)과 장홍급(張洪汲) 등을 파견할 때에도 같은 조처가 따랐다. 그런데 경운궁 중건도감에는 「중건도감 회계」가 전해 오고 있어 1904년 8월에서 1906년 12월까지 공사비가 어디서 얼마나 조달되었으며 무엇에 얼마나 쓰여졌는지 소상하게 알 수 있다. 이것을 보면 1904년 11월과 1905년 6월부터 10월까지 자금이 부족했던 것으로 나타나며 1906년의 1월, 2월, 12월에는 1904년과 1905년의 밀린 공사비를 지불한 것으로 되어 있다.

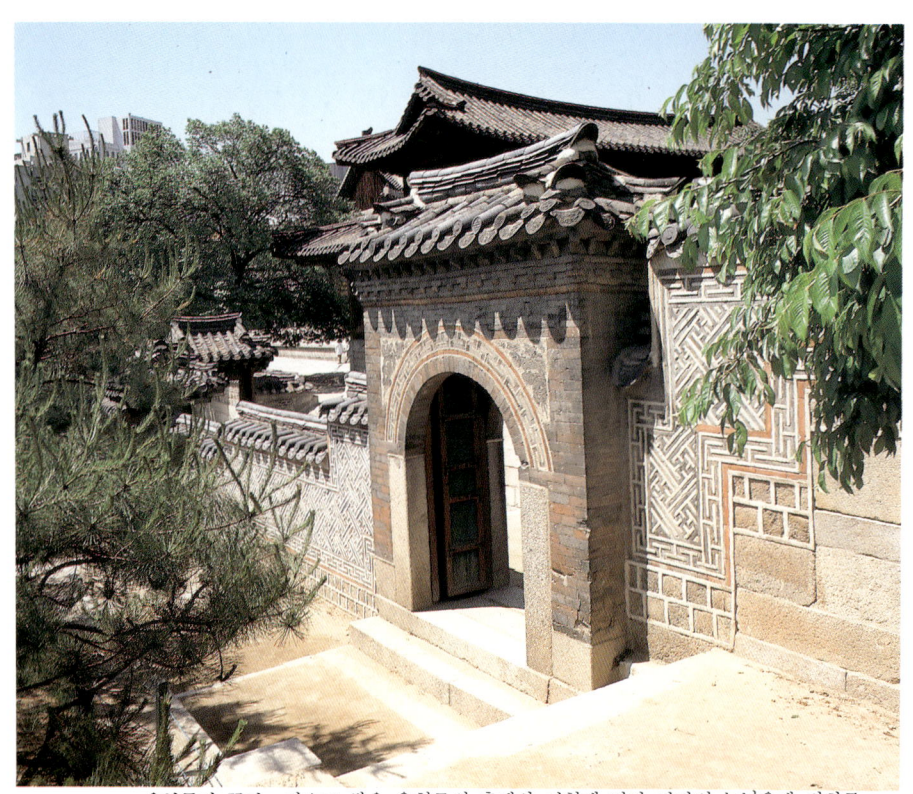

**유현문과 꽃담**  전으로 쌓은 유현문의 홍예와 지형에 따라 담장의 높낮음에 변화를
준 담의 뇌문이 조화를 이룬다. (위)
동쪽의 즉조당과 서쪽의 준명당은 2칸 복도로 연결되어 있다. (옆)

또 1906년 1월부터 12월까지는 수입과 지출 금액이 정해진 8만
3,333냥으로 일치하고 잔금이 없어서 공사비 지출을 정상적으로
하지 않았음을 알 수 있다. 여기에 수록된 내하전, 내장사 이래전,
탁지부 이래전을 합해 보면 앞서 본 「경운궁중건도감의궤」 '재용
조'의 금액에 상당히 미달되는데 이것으로 미루어보아 회계책에
기록되지 않은 지출도 상당히 있었음을 짐작할 수 있다.
　경운궁에서 쓴 목재의 대부분을 양주와 강원도에서 베어 한강을

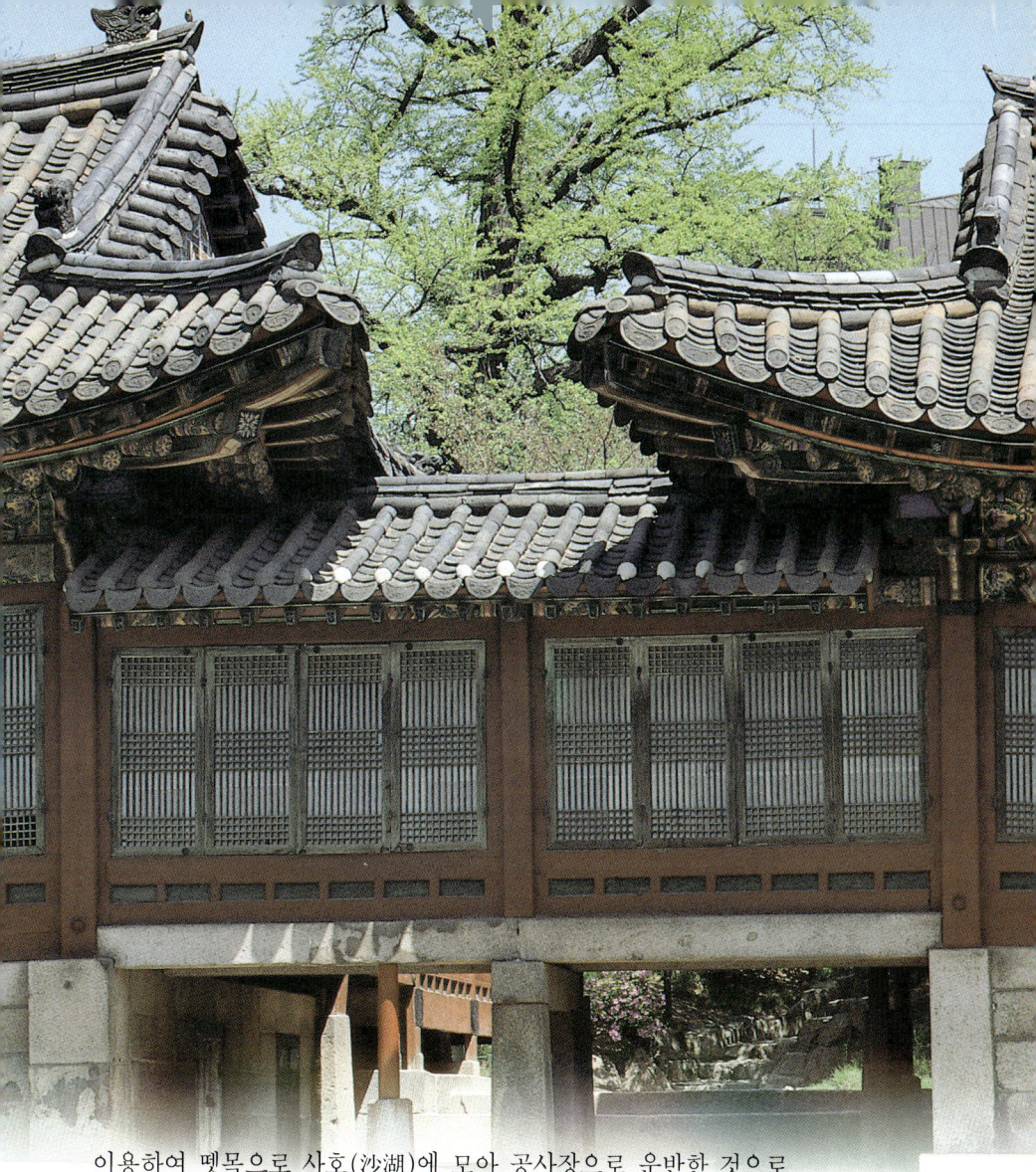

이용하여 뗏목으로 사호(沙湖)에 모아 공사장으로 운반한 것으로
되어 있다. 사호는 옛날 한강의 원줄기가 남쪽 언덕 아래를 따라
흘러 내려가고 한 줄기는 북쪽 언덕 아래로 흘러 머물면서 10리의
긴 호수를 이루었다 하므로 지금의 용산이나 그 부근의 호수로 짐작
된다.

양주와 강원도에서 조달한 재목만으로는 부족하여 때로는 서산, 남산, 낙산, 뚝섬 등 비교적 가까운 곳에서 벌채하기도 했으며 경복궁과 창덕궁의 고재(古材)를 옮겨 쓰기도 하고, 상당한 목재를 구매하여 쓰기도 했다. 이 목재가 도착 과정에서 유실되거나 암매되기도 하여 목재에 낙인(烙印)을 찍었다고 한다.

특히 큰 재목을 구하기 힘들었으므로 대들보나 추녀의 재목을 조사하기 위하여 목물간검위원(木物看檢委員)을 두어 월급을 지급하였으며 또 간검위원, 목수를 멀리 강원도의 인제(麟蹄), 춘천(春川), 울진(蔚珍), 평해(平海), 전라도의 무안(務安), 나주(羅州), 함평(咸平), 완도(莞島)에 그리고 경상도의 동래 등지에 보내어 여비와 채재비를 지불한 기록이 남아 있다.

석재는 서울 근교의 한북문외(漢北門外), 우이동(牛耳洞), 청수동(淸水洞), 손가정(孫哥亭), 영풍정(暎楓亭), 망우리(忘憂里), 양천평(陽川坪), 원현(園峴) 등지에서 채석하고 운반하여 썼다. 전석(磚石)은 강화도(江華島)에서 산출된 것을 썼으나 구입한 석재의 수량도 많았음을 알 수 있다. 노임이 넉넉지 않아 채석을 기피하기도 했으며, 역시 채석된 석재가 상인들에게 유출되는 일도 있었다. 그때도 목재와 석재를 채취할 때에는 허가증에 상당하는 물금첩(勿禁帖)을 교부받았음을 확인할 수 있다.

도배에 쓰는 백지(白紙), 삼첩지(三貼紙), 장지(壯紙), 영창지(暎窓紙), 대각지(大角紙) 등의 일부는 구입하였으나 대부분은 전라도의 전주(全州), 진안(鎭安), 임실(任實), 임파(臨陂), 남원(南原), 금구(金溝), 익산(益山), 만경(萬頃), 정읍(井邑), 구례(求禮), 용담(龍潭), 무주(茂朱), 순창(淳昌), 장수(長水) 등지에서 거두어들인 것으로 되어 있다. 대와(大瓦), 중와(中瓦), 상와(常瓦)를 비롯하여 취두(鷲頭), 운각(雲角), 북수(北首), 용두(龍頭), 잡상(雜像), 토수(土首) 등과 대방전(大方甎), 반방전(半方甎) 등은 가마를 만들어

구워서 쓰지 않고 사서 쓴 것을 알 수 있다.

도감의 인건비는 일반적으로 매원 매삭(每員每朔) 지급하는 월은(月銀)과, 매명 매일(每名每日) 지급하는 일은(日銀)으로 나눈다. 월은은 월급으로 낭청, 별간역 등 계속 고정적으로 일하는 사람들이 받았다. 일은은 임시로 일하는 사람들이 받은 일급(日給)인데, 담군(擔軍), 지겟군(支架軍) 등에게 지급하는 고가(雇價), 여러 숙련된 기능을 가진 공장(工匠)들에게 지급하는 공전(工錢), 패장, 순검, 사령, 사환, 수공, 복직, 사환기수, 사고직 등에게 지급하는 식가(食價) 등이 있다. 고원(雇員), 서사(書寫), 고직(庫直)들의 일부 고정직은 월은을 받았으나 대부분은 식가를 받았다.

「중건도감회계」에 의하면 1904년 8월부터 1906년 12월까지 월은을 받은 자들의 연인원(延人員)은 1만 4,250명이며, 식가를 받은 자들의 연인원은 6만 1,702명이고, 고가를 받은 자들의 연인원은 17만 9,042명이다. 공전을 받은 장인들의 연인원은 지불된 도급 공전(都給工錢)을 근거로 하여 추산하면 13만 8,171명이 된다. 이들을 합하면 39만 3,165명이 되므로 하루 평균 약 437명이 동원된 셈이다. 그러나 건호 궤전(乾犒饋錢)을 지급한 기록으로 하루 가장 많이 동원되었을 때는 1904년 9월 17일이며 그 인원은 1,467명으로 되어 있다. 건호 궤전은 일의 능률을 높이고자 공역에 참여한 자들에게 지급하는 일종의 상여금으로 경운궁 중건도감에서는 이 상여금을 1904년에 5번, 1905년에 1번 지급하여 공사를 독촉하고 있다.

경운궁 중건 공사에서 대부분 공장들에게 도급 공전이 적용되었고 또 일부의 담군, 지겟군들에게도 도급전이 지불되었음을 볼 수 있다. 이것은 그 전까지의 공사에서 그들에게 일당이 지급되던 것이 보편적이었던 점을 감안하면 주목할 일이다. 도급이란 어떤 공사에 들어가는 모든 비용을 미리 정하여 놓고 도맡아 하게 하는 것을

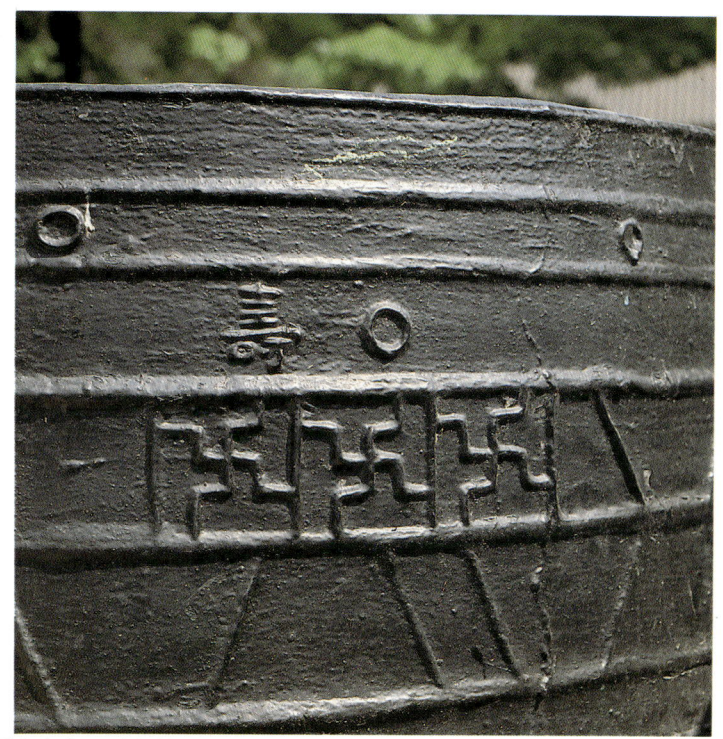

**중화전 앞 드므(부분)** 드므는 불귀신의 접근을 막기 위해 설치한 일종의 벽사 시설이다. 다른 궁궐의 단순한 형태의 것들과는 달리 만(卍)자문, 수(壽)자가 새겨져 있다.

말한다. 이 새로운 방식의 적용은 공사를 독촉하지 않을 수 없었던 당시의 사정으로 공사 기간을 단축하고, 공사 관리를 능률적으로 하는 데 그 목적이 있었던 것 같다.

　도급전의 지불도 공사비의 실행 예산을 산출할 능력이 있을 때 가능한 것이다. 견적(見積)은 풍부한 지식, 경험, 판단이 요구되는 작업이기 때문이다. 경운궁 중건도감에는 이러한 기능을 갖춘 기술자가 다수 참여하여 그들의 능력을 발휘했음을 알 수 있다.「중화전

중건예산명세서」「함녕전신건예산명세서」는 공사 착수 전에 작성된 계획 단계의 문서였으나 그 뒤 도급 공사의 공전 지불 근거가 되었으며, 미리 그 근거를 마련하기 위하여 작성된 것이 분명하다. 위의 두 문서와 「장역기철」「덕수궁중건도감상하기」의 공사 금액을 대조해 보면 알 수 있다.

이같은 도급 공전의 지불에 많은 연체가 발생했다. 「덕수궁중건도감상하기」와 「경운궁중건역비청구」를 종합하여 보면 목수 편수 홍순모는 일을 마친 1906년 12월까지 받아야 할 도급액의 35.7퍼센트만을 받았으며, 석수 편수 배학성(裵學成)도 도급액의 15.3퍼센트

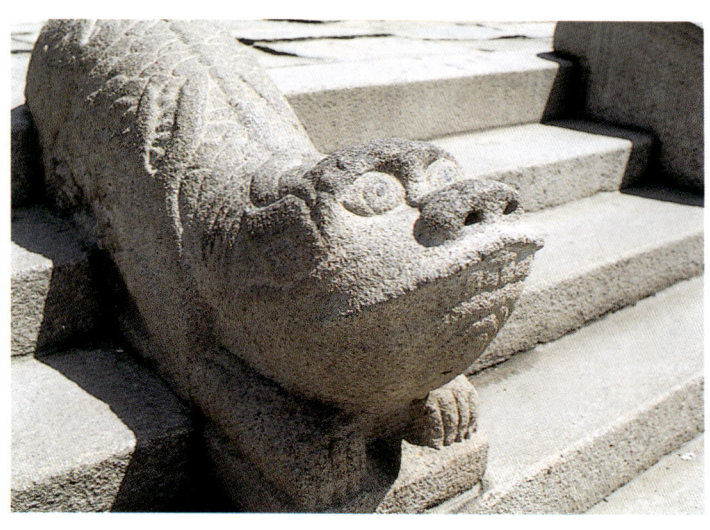

**중화전 석계의 석수** 조선 말기의 조각술을 보여 주는 석수로 양감이 부족한 몸체에 비해 표정이 풍부한 면이 돋보인다.

를 수령한 데 그쳤다는 것을 알 수 있다. 역시 니장(泥匠) 편수 윤관옥(尹寬玉)은 21.7퍼센트, 도배장(塗褙匠) 편수 조원홍(趙源興)은 14.7퍼센트, 창호장(窓戶匠) 편수 김계완(金繼完)은 15.5퍼센트, 가칠장(假漆匠) 편수 지석연(池錫璉)은 31.7퍼센트, 화사(畵師) 편수 최성원(崔聖元)은 38.2퍼센트를 받는 데 그쳤다. 이와 같은 사실은 당시 다수의 공장을 거느리고 그들의 생계를 책임졌던 도편수 중심의 건설 용역 조직이 경운궁 중건 공사에 참여하고 있었음을 증명한다.

경운궁 중건도감의 업무는 끝났으나 공사비의 지불은 완결되지 않았고 그 잔무는 궁내부 내장원으로 이관되었다. 「경운궁중건역비청구」에는 중건도감의 연체된 공사비를 장기간에 걸쳐 매월 일정액으로 분할하여 지급하려는 계획서가 실려 있다.

예를 들면 목수 편수에게는 785원씩 36개월, 석수 편수에게는 1,500원씩 36개월 동안 갚겠다는 것이다. 그 뒤 얼마간 계획대로 정액을 갚았다. 그러나 황실의 채무에 관한 업무가 임시 재산 정리국(臨時財産整理局)으로 넘어감으로써 이 약속도 계속 이행되지는 않았다. 임시 재산 정리국은 내각 총리대신의 감독 아래 황실 및 국유 재산을 조사하여 그 소속을 판정하고 정리하는 사무를 맡은 관청이다. 이때의 모든 사무는 위원회의 심의에 부치기로 되어 있으며, 위원회의 처분에 대하여 채권자로부터 청원이 있을 때에는 위원회에서 이를 심사하여 결정한다. 당시 임시 재산 정리국의 책임자는 일본인이었으며, 그는 황실 및 국유 재산을 보호한다는 이유로 많은 한국인의 청원을 들어 주지 않는 결정을 내렸다.

경운궁의 양옥을 수리한 중국인을 대리하여 일본인이 나서서 채권 인정을 받은 것을 보면 일본인이 대리인으로 나서야 일이 되기도 했던 모양이다. 당시 목재, 석재 등을 비롯한 건축 재료를 납품한 다수의 상인들도 이와 같은 피해를 받았다. 목상(木商) 11개소,

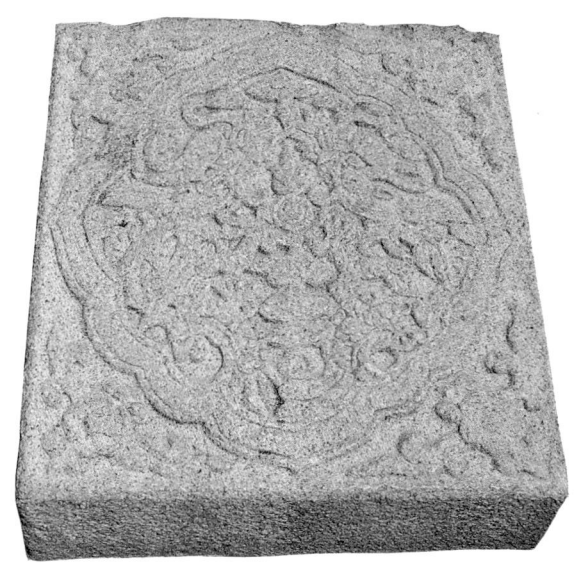

**중화전 답도의 판석** 답도는 정전의 중앙 계단을 말한다. 이곳에 있는 판석에는 경복궁 등의 봉황 무늬와 달리 쌍룡이 새겨졌는데 이는 고종이 황제로서 궁궐을 조성했기 때문이다.

석상(石商) 3개소, 석회상(石灰商) 5개소, 철물상(鐵物商) 5개소, 이사괴석상(二四塊石商) 3개소, 전석상(磚石商) 3개소 등 많은 건축 재료 상회가 여기 관련되어 있다.

경운궁 중건 당시의 재료비, 노무비의 상당액이 공사 완료 뒤에도 장기간 연체된 상태로 있었고 마지막에는 그 청구권마저 소멸되고 말았다. 그 뒤 경운궁에서 기용되었던 우리나라 건축 인력은 탁지부 건축소(度支部建築所)가 시행한 관영 공사에서도 일본인들의 독점으로 배제당했다.

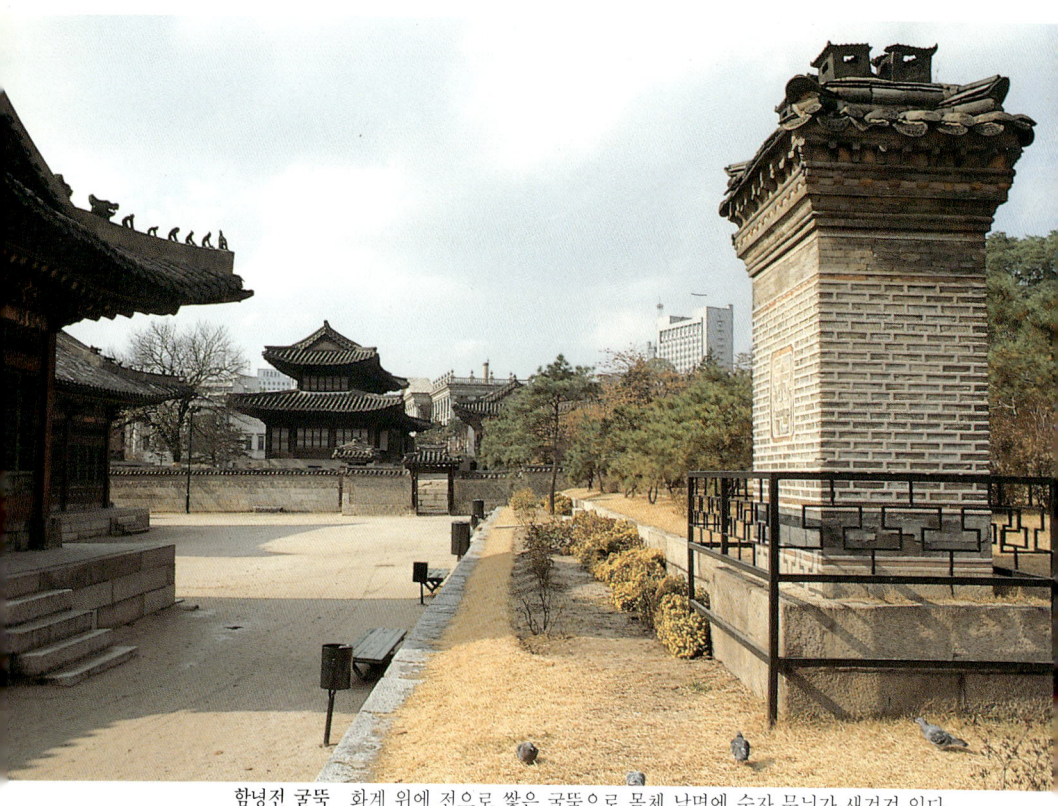

**함녕전 굴뚝**  화계 위에 전으로 쌓은 굴뚝으로 몸체 남면에 수자 무늬가 새겨져 있다.

경운궁 중건 공사의 특징은 종래의 일급 지불보다 한 걸음 앞선 도급 지불 방식을 널리 적용한 것이라 할 수 있다. 그러나 그 결과 도급 노무비의 상당액을 지불하지 못하였고, 그 채무는 내장원을 거쳐 황실의 재산 정리를 인계받은 일본인들에게 넘어가서 완결되지 않음으로써 건축 기술자들의 생존권을 위협하기에 이르렀다. 그 영향으로 우리나라의 독자적 건설 기술, 산업 발달도 큰 타격을 받았으며 전통 건축 기술의 단절도 초래되었다.

# 경운궁의 양옥

경운궁에는 석조전(石造殿), 정관헌(静觀軒), 중명전(重明殿), 돈덕전(惇德殿), 구성헌(九成軒), 환벽정(環碧亭) 등 여섯 동의 양옥(洋屋)이 있었으며, 석조전, 정관헌, 중명전은 지금도 남아 있다. 중명전은 한때 수옥헌으로 부르기도 했다. 그러나 유감스럽게도 지금까지 이 건축들이 어느 때 누구에 의해 어떤 목적으로 지어졌는지 소상하게 밝혀지지 않고 있다.

궁궐을 해설한 대개의 서적에 "경운궁은 양옥을 수용한 최초의 궁궐이다"라는 애매한 표현이 쓰이고 있다. 앞뒤의 문맥으로 보면 우리 정부가 주관하여 이 건축들을 계획, 설계하고 시공하였다는 뜻으로 오해할 수도 있다. 경운궁이라는 이름과 함께 먼저 석조전을 연상하는 사람이 많은 것도 여기서 비롯된 것이라고 할 수 있다. 그 당시 고종과 대신들이 관복으로 양복을 입었고, 양식도 즐기면서 파티도 열었으니 양옥도 지을 수 있었을 것이라고 추측하기 쉽다. 그러나 이런 표현은 앞뒤를 면밀히 고찰하여 보지 않은 무책임한 것이라 할 수 있다.

고종이 구성헌, 중명전, 돈덕전 등에서 외국 사절들을 접견하고, 화재가 났을 때 수옥헌으로 피신을 하였으며 을사조약을 그곳에서 조인하고, 순종이 돈덕전에서 즉위식을 한 기록들이 있다. 이것들로 보아 우리 황실에서 이 양옥들을 사용한 것은 틀림이 없고, 이런 사실들이 이 건축들을 우리 정부가 계획하여 지었다는 추측을 낳게 한다. 그러나 지금까지 발견된 경운궁의 공사 기록 속에 이 양옥의 신축에 관한 기사가 한 줄도 없고 다만 중국인을 시켜서 양옥들을 수리한 일이 적혀 있을 뿐이다. 곧 임택성(林澤成)이라는 중국인이 1903년 3월부터 1905년 3월까지 이 궁궐의 구성헌, 정관헌, 환벽정, 돈덕전 등의 수선 공사를 행하며 각종 물품을 납입하고 지불받

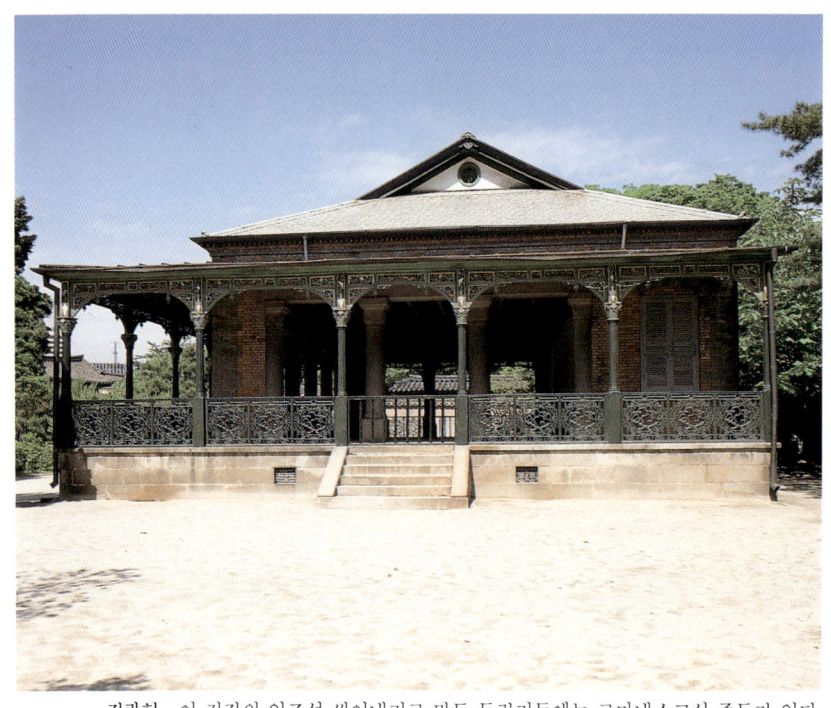

**정관헌** 이 전각의 인조석 썻어내기로 만든 독립기둥에는 로마네스크식 주두가 있다. 전면과 측면 테라스에 정교한 아케이드를 만들어 증축하였다.(위, 옆면)

지 못한 대금을 청구한 사실의 기록이 그것이다.

　이때 중국인은 궁내부(宮內部) 촉탁 영국인 여자 의사 쿠크 (Cooke)와 계약을 맺은 것으로 되어 있다. 여기서 주목할 것은 그 공사 기간이 경운궁 중건 시기와 일치하는데도 그 공사가 경운궁 중건도감이 아닌 한 궁내부 외국인 촉탁에 의해 발주되어 경운궁의 본 공사와는 무관하게 시행되었으며, 자세한 공사 보고도 남기지 않고 있다는 점이다.

　어떤 사정으로 이 건축들의 수리를 중국인이 하게 되었으며, 영국

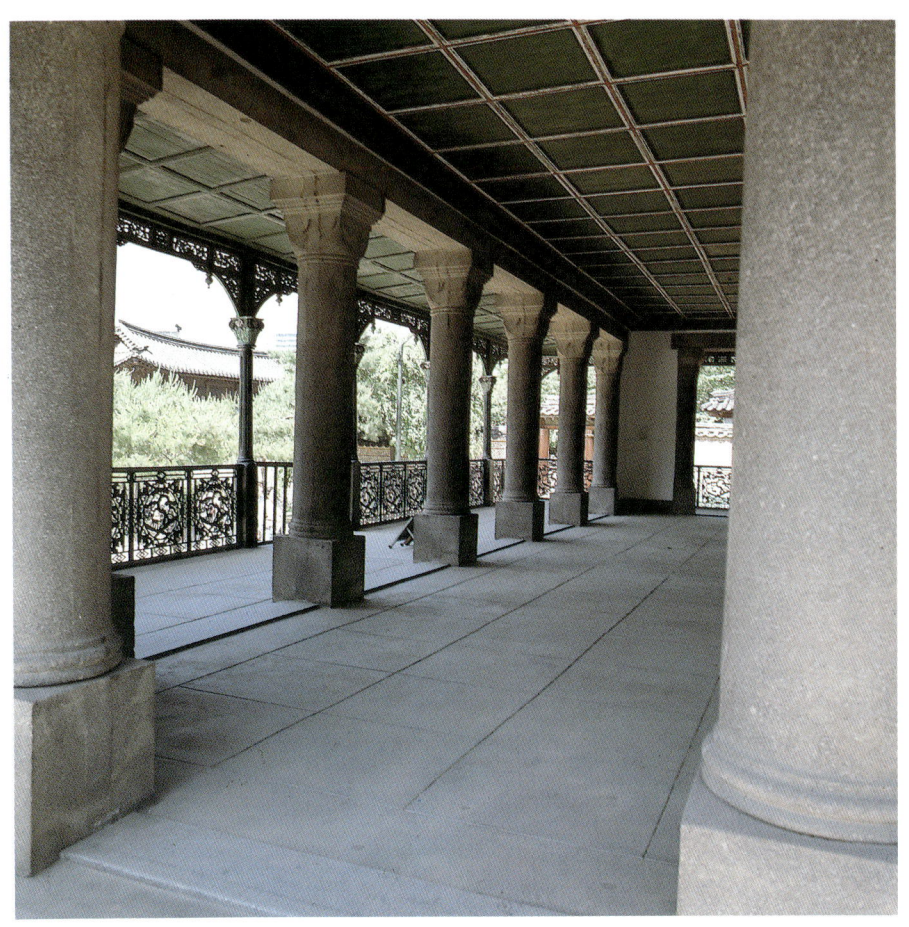

인 여의사가 이를 발주하게 되었는지 알 수 없으나, 중국인은 이들의 신축에 관계하였으므로 연고권이 있었고, 영국인은 그 당시 이 건축의 관리 책임을 맡고 있었기 때문이었으리라 추측할 뿐이다.

위의 양옥 가운데 가장 늦게 준공된 것은 석조전이다. 석조전은 그때 우리 정부에 고용되었던 영국인 총세무사(總稅務司) 브라운 (John Mcleavy Brown)에 의해 발의되었다. 브라운의 의도는 황제의

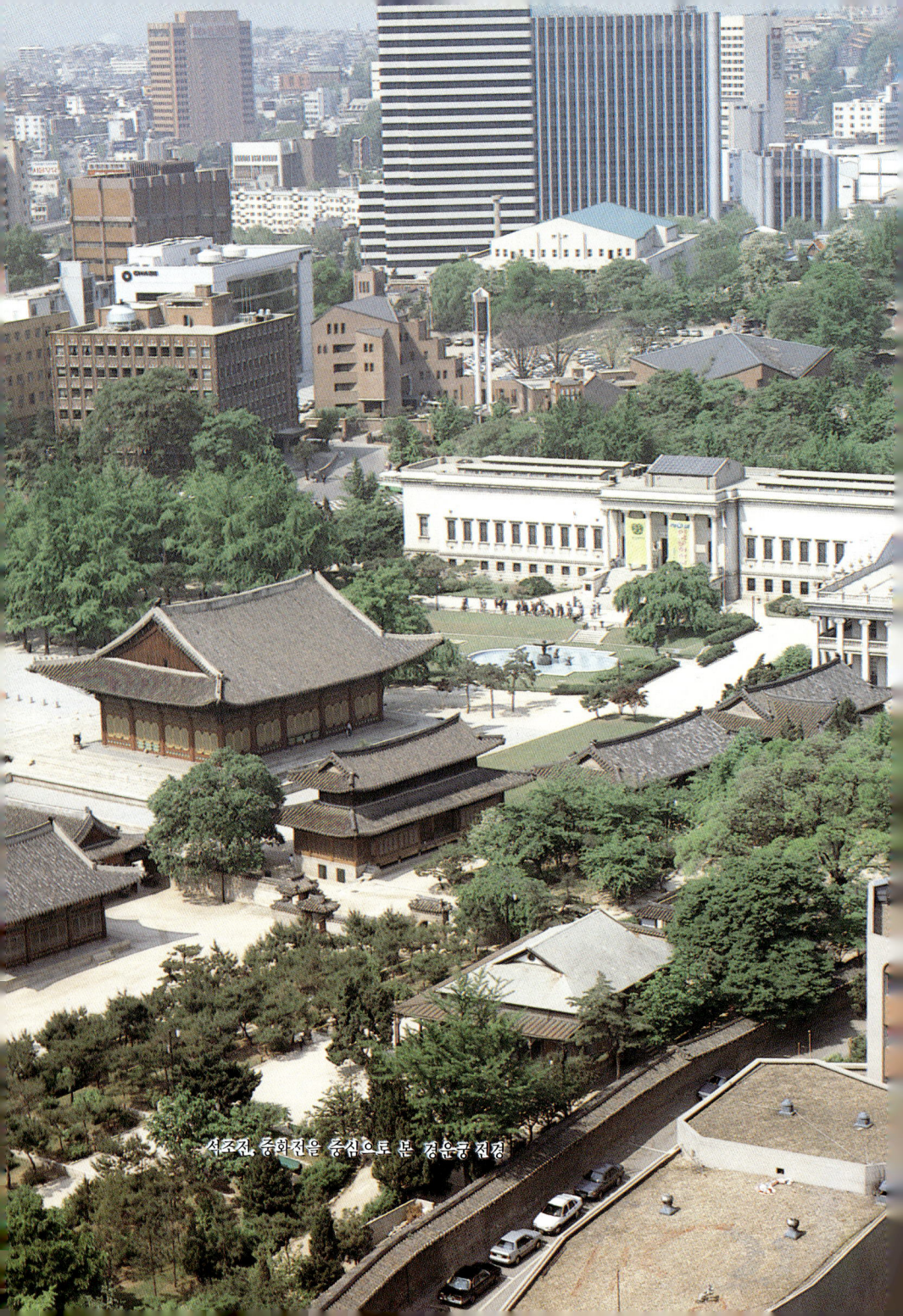

석조전, 중화전을 중심으로 본 경운궁 전경

환심을 사기 위한 것이라고도 하고 세관 수입을 정부에서 낭비하는 것을 막기 위한 것이라고도 한다. 석조전은 그 뒤 일본인 재정 고문(財政顧問) 매가다(目賀田種太郎)가 인계받아 완성하였다고 한다. 또 이의 설계, 시공은 그들에 의해 영국인, 일본인에 의뢰된 것으로 전한다.

그 동안 우리나라 사람으로는 이 건물 기초 공사에 내부 기사 심의석(沈宜碩)이 관여한 것으로 되어 있다. 그런데 어떤 연유로 궁내부나 영건도감이 아닌 내부의 관리가 이 건축에 개입하게 되었는지 알 수가 없다. 아무튼 한국 정부의 관리로 고용되어 있던 외국인 총세무사와 재정 고문은 정부의 통제를 벗어나 거금으로 석조전 공사를 시작한 것이다.

바로 옆에서는 1902년과 1904년 두 차례에 걸쳐 중화전이 자금난을 겪으면서 신건되고 중건되었는데도 서로 조금도 교류가 없었던 것이 분명하다. 당시 경운궁 공사를 주관하였던 중화전 영건도감과 경운궁 중건도감의 공사 기록에는 석조전에 관한 기사가 전연 없기 때문이다.

석조전이 같은 주체에 의해 경운궁의 다른 전각과 같이 계획되고 시공되지 않았다는 것은 위와 같은 경위를 짐작케 하는 문헌이 아니더라도 지금 남아 있는 건축들의 배치에서도 확연하게 드러난다. 석조전은 경운궁의 전체 계획과 무관하게 배치되었으며, 그 중심축이 경운궁의 상징적인 전각인 중화전의 그것과 나란하지 않으므로 그 뒤 중화전의 행각을 헐고 석조전 앞의 분수를 만드는 결과를 초래하였다고 할 수 있다.

경운궁은 국가의 중흥을 위하여 황실의 존엄성을 국내외에 과시하고자 한 의도가 크게 작용한 궁궐이다. 이런 목적에는 국수주의적이고 전통적인 건축이 요구되는 것이 일반적이다. 그러므로 경운궁의 주체가 석조전을 비롯한 양옥을 계획할 까닭은 없다. 경운궁의 중화전이 우리 민족의 세력 과시용 건축이라면 석조전은 외국의 세력 과시용 건축이라고 할 수 있다. 그런 정반대되는 성격의 건축이 한 울타리 속에서 공존하고 있는 것은 아이러니가 아닐 수 없다. 그러므로 석조전은 비록 외국인에 의해 설계되었으나 우리 정부 주관 아래 우리 예산으로 처음 시도된 진정한 의미의 근대 여명기적 성격의 건물이란 표현은 틀린 것이다.

지금까지의 석조전 연구는 자료의 부족으로 일본인의 연구에 의존하고 있는 듯하며 그 연구는 단순히 후반기에 석조전 공사 감독을 하였다고 하는 영국인 데이빗슨(H.W.Davidson)의 구전(口傳)을 따르고 있다. 구전을 확인하기 위하여 관련 문헌을 찾아보는 노력이 필요하며 이전의 연구에 다른 시각이 더해져야 할 것이다.

경운궁의 양옥들을 누가 계획하고 설계하였으며 또 시공하였는가는 아직 자세히 밝혀지지 않은 상태이다. 석조전을 제외한 양옥들은 석조전 착공 이전에 러시아 공사관 계통으로 발의 내지는 착공 또는 준공되었으리라는 추측도 있다. 그러나 이러한 추측이 설득력을 가지려면 더 충분한 사료의 뒷받침이 있어야 할 것이다. 앞서 본 중국인이 구성헌, 정관헌, 환벽정, 돈덕전을 수리한 경위, 석조전을 신축한 경위와 일본인의 저서에 이 건축들이 모두 중국 벽돌을 쓰고 있다고 지적한 점, 과거 서울의 지도에 총세무사의 위치가 돈덕전 부근인 점, 당시 대개의 세무 관리가 청국에서 같은 업무에 종사한 경험이 있던 점 등을 아울러 생각해 보면 위에 든 양옥들은 총세무사의 발주로 상해에 본거지를 둔 중국인 업자가 신축하였을 것이라는 추측이 유력해진다.

한편 경운궁의 영역을 확장하는 데 어려움이 많았으리라는 것은 융희 4년 2월 제작의 '덕수궁평면도'를 보면 알 수 있다. 이 도면에서 궁역 한가운데는 영국 영사관, 미국 영사관, 러시아 영사관이

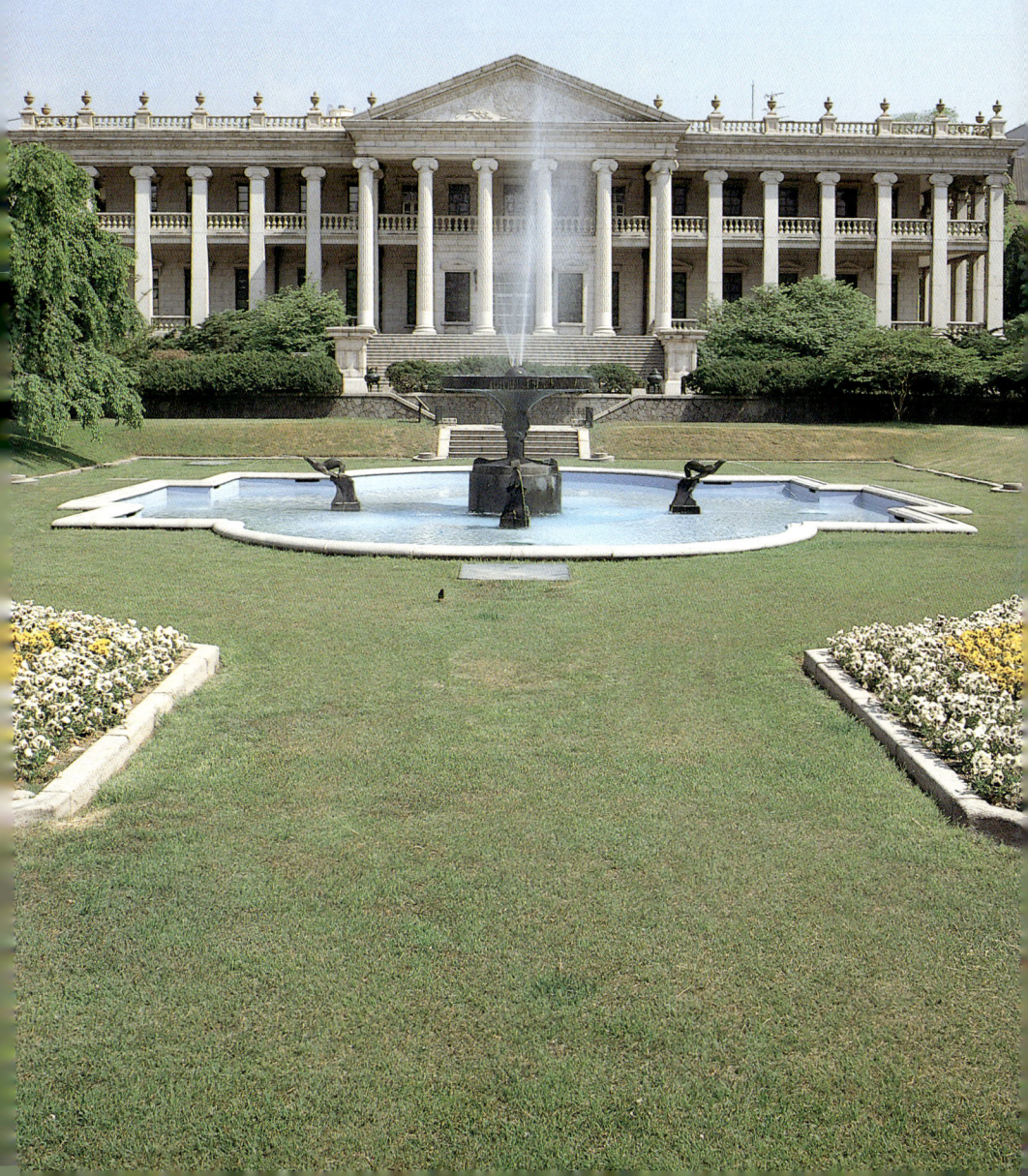

석조전 전경과 분수대

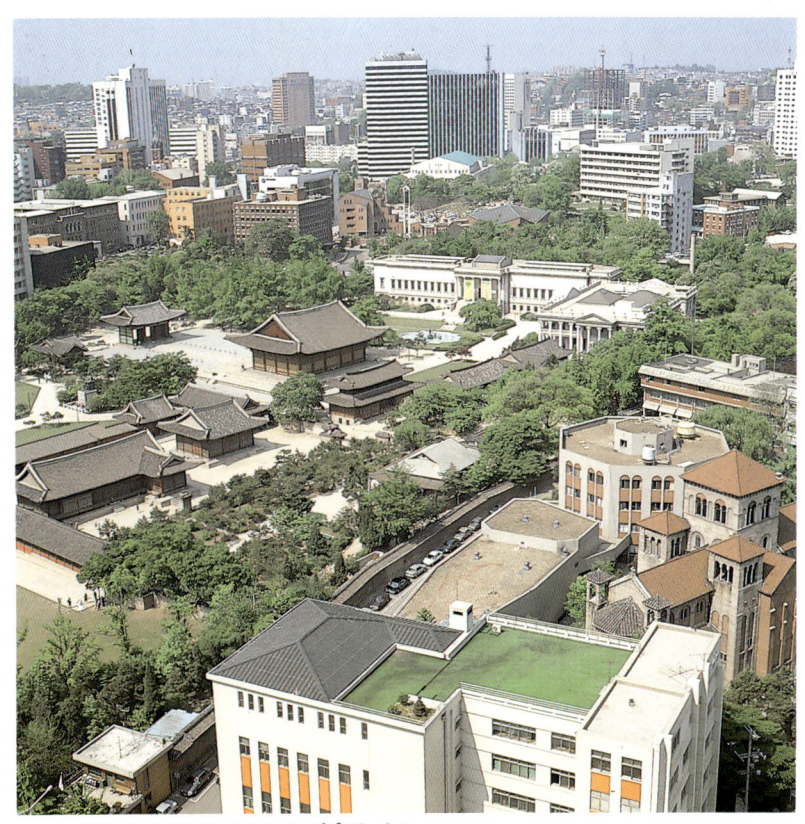

영국 대사관을 중심으로 본 경운궁 전경

차지하고 있고 그 주위에 양옥들이 배치되어 있다.

　궁역으로 정한 구역 안의 민가를 권력으로 수용하여 철훼하거나 이주시키는 것이 관례로 되어 있었으니 경운궁의 경우도 예외는 아니었을 것이다. 외국 공사관은 절차가 복잡하여 어쩔 수 없었다 하더라도 그 주변의 양옥은 접수 대상이 되었던 것 같다. 그 시대의 문서에서 당국자와 외국인과의 분쟁을 읽을 수 있다.

미국 공사는 한국 황제가 정동 교회 기지를 신궐에 매입하고자 미국 교회인과 한국 관원 이용익(李容翊) 사이에 매매 계약을 체결하였다. 매입 계약금 조로 1만 원을 지불하고 정한 날짜에 그 교회 신축 부지를 환지하면서 나머지 2만 4천 원을 지불하기로 하였는데 그 계약이 이행되지 않고 있어 완결을 촉구하고 있다.

외부 대신이 외국 공관으로 조회하여 정동 황궁 근처에 고층 건물 신축 금지를 요청한 데 대하여 주한 각국 공사, 영사가 회의를 하였는데 요청한 내용이 불분명하므로 한국 정부가 설정한 경계와 가옥의 높이 등을 일일이 지시하여 줄 것을 요청하였다. 정부에서 정동의 이국 공사관 지구로부터 경운궁 남장에 붙어 있는 상가로 통하는 도로를 폐쇄한다고 발표하였는데, 이에 대하어 한성 주재 각국 공사와 영사들로부터 맹렬한 반대가 일어났다 한다. 외부 대신은 한성 안팎 소재 궁성 부근의 지계계한(地契界限)을 50미터씩 감축하여 경운궁계는 250미터로, 묘(廟), 사(祠), 단(壇), 궁의 계는 150미터로 한정하였음을 각국 공사에 통보하였다 한다. 이런 사건들이 거의 당국의 의도대로 해결되지 못한 것을 보더라도 경운궁이 얼마나 어렵게 이루어졌는가를 짐작할 수 있다.

위에 든 양옥들이 일부는 그런 어려운 타협을 거쳐 궁궐에 흡수된 것이며 또 이 건축들은 그때그때의 목적에 따라 적절히 사용되었을 것이라는 추측도 있다. 지금까지의 연구로 경운궁 당국이 양옥을 계획하고 신축하지 않았다는 것은 명확한 것으로 본다.

# 순종 시대 이후의 경운궁

광무 11년(1907) 8월 2일 개원 연호(改元年號)를 융희로 결정하고 개원식을 거행하였다. 그리고 태황제의 궁호(宮號)를 덕수(德壽)로 정하였다.

8월 27일 순종은 돈덕전에 나아가 즉위식을 거행하였다. 9월 17일 순종은 중명전에서 즉조당으로 옮겼으며, 10월 7일에는 다시 창덕궁으로 거처를 옮길 것이므로 빨리 궁내부로 하여금 그 궁궐을 수리하도록 준비하게 했다. 11월 13일 황제, 황후, 황태자는 예정되어 있었던 창덕궁으로 이어하였다. 이것은 황제와 태황제가 함께 있으면 태황제가 정치에 간섭할까 염려하여 일본인이 압력을 가한 결과이다. 그 이튿날 순종은 태황제의 하교에 따라 안국동(安國洞)에 태황제가 거처할 덕수궁을 영건하게 하였으나 이것은 처음부터 반대에 부딪쳤다. 따라서 고종은 그대로 경운궁에 남아 억류된 것이나 다름없는 생활을 하게 되었다. 창덕궁으로 옮긴 순종은 연간 몇 차례 경운궁의 고종에게 문안드렸다 한다. 그 뒤로 경운궁의 칭호는 태황제의 궁호를 따라 덕수궁으로 불렀다.

한일합방 뒤 1911년 7월 20일 귀비 엄씨(貴妃嚴氏)는 경운궁의 즉조당에서 별세하였으며, 9월 8일 태황제는 여기서 6순 탄신일을 맞았다. 1916년 4월 1일 고종이 복녕당 양씨(福寧堂梁氏)에게서 얻은 덕혜옹주(德惠翁主)의 교육을 위하여 준명당에 유치원을 개설하였다. 1919년 1월 22일 일본 궁내성은 고종황제가 붕어하였다고 발표하였다. 그런데 함녕전에 거처하던 고종은 당시 68세로서 그의 건강은 좋은 편이었다고 한다. 따라서 그의 갑작스런 죽음은 많은 의문을 자아내게 하였다. 이 사건은 3·1 독립만세 시위의 직접적인 계기가 되었다. 1921년에는 창덕궁에 새 선원전(璿源殿)이 이루어져 그 동안 중화전에 봉안되었던 고종의 어진이 옮겨졌다.

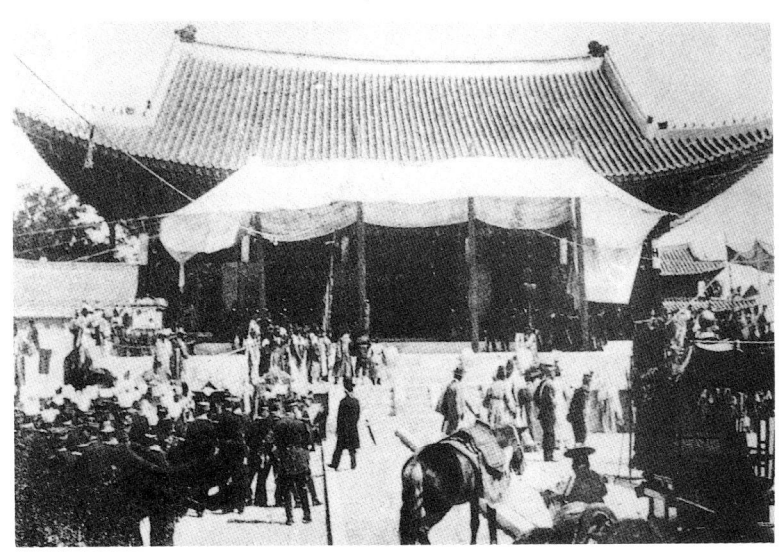

**순종비 가례식장**  중건된 중화전에서 치러진 순종비의 가례식 장면이다. 산만한 느낌이 드는 왕실의 이 행사 장면은 당시의 시대상을 반영하는 듯하다.(김원모 외「한국의 백년」의 사진)

그 뒤 궁궐의 서쪽과 진전 기지의 일부를 통하여 서대문 방면으로 연결되는 도로를 만들었다. 식민지 통치자들은 고종이 죽기를 기다렸다는 듯이 바로 경운궁을 축소시키는 작업에 착수하였다. 1922년에는 이 도로 서쪽 엄비(嚴妃)의 혼전(魂殿) 부근에 경성제일여자고등학교 교사를 짓고, 1923년 도로 동쪽에 경성여자공립보통학교 교사를 옮겨 지었다. 이 두 학교는 그 뒤 경기여자고등학교와 덕수국민학교로 되었다. 또 1926년 그 동쪽의 고지에 경성방송국(京城放送局)의 2층 본관과 부속 건물을 지었다.

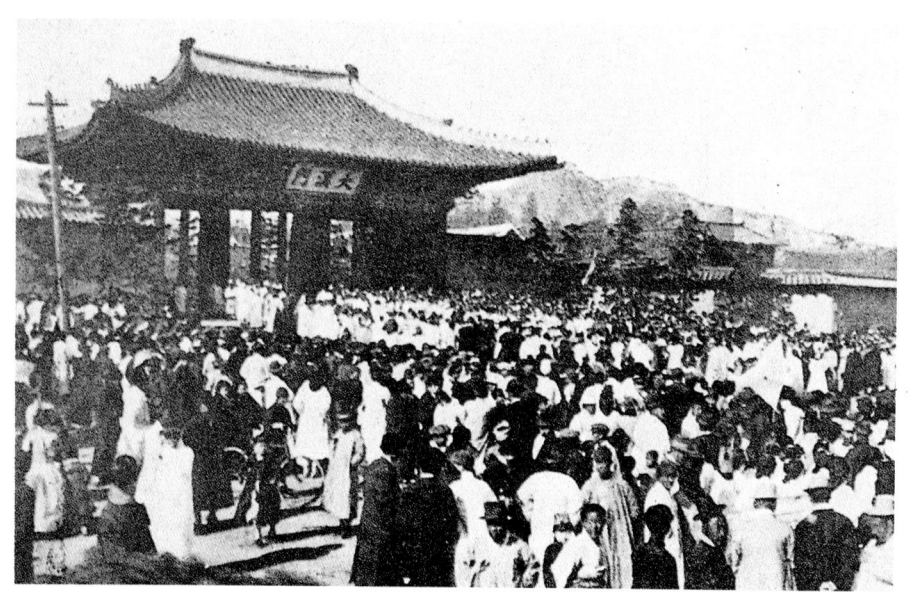

**성복례당일 대한문 앞** 함녕전에 거처하던 고종은 68세의 나이로 갑작스럽게 죽음을 맞이하여 국민들로 하여금 많은 의문점을 자아냈다. 성복례당일 경운궁 대한문 앞에 국민들이 모여 슬픔을 달래고 있다.(「대한제국고종황제국장화첩」)

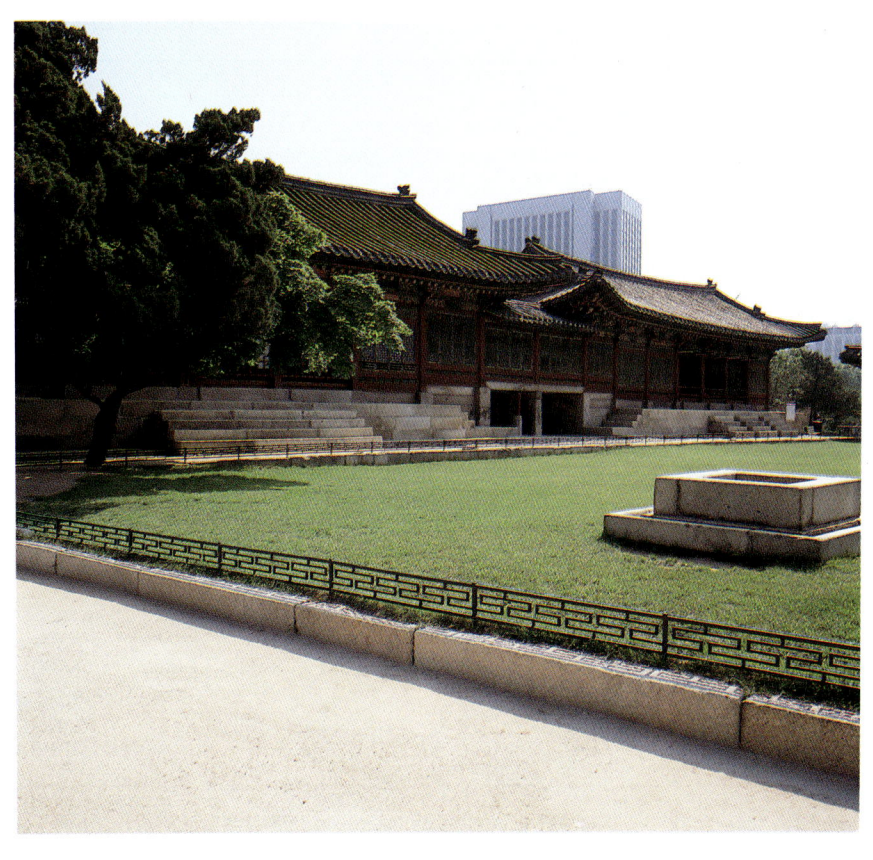

**준명당과 즉조당**  정면 6칸, 측면 4칸의 팔작지붕으로 된 준명당은 1904년 화재 때 고종과 순종의 어진을 봉안하였고 외국 사신을 여러 번 접견하기도 했던 곳이다. 동쪽의 2칸 복도로 연결된 즉조당은 정면 7칸, 측면 4칸의 팔작지붕으로 된 전각 건물이다.

1933년에는 영복당, 수인당 등 대부분의 건물이 철거되었고 그 재목은 공개 입찰에 부쳐 방매되었다. 이해 10월 1일부터는 궁궐이 공원으로 만들어져 일반인들에게 공개되었으며 석조전은 일본인 미술품의 진열 전시장으로 사용되었다. 1936년 8월부터 1937년 11월까지 1,104평 규모로 또 하나의 다른 2층 석조 건물이 세워져 이왕직박물관(李王職博物館)으로 사용되며 창경궁 박물관의 미술품, 고고학 자료 등이 옮겨져 수장되었다. 1913년 봄 경성일보(京城日報)의 사장 요시노(吉野太左衛問)가 벚나무 500주를 기증하여 경운궁에 심게 한 일이 있었는데, 이것은 궁궐 공원화 작업의 준비

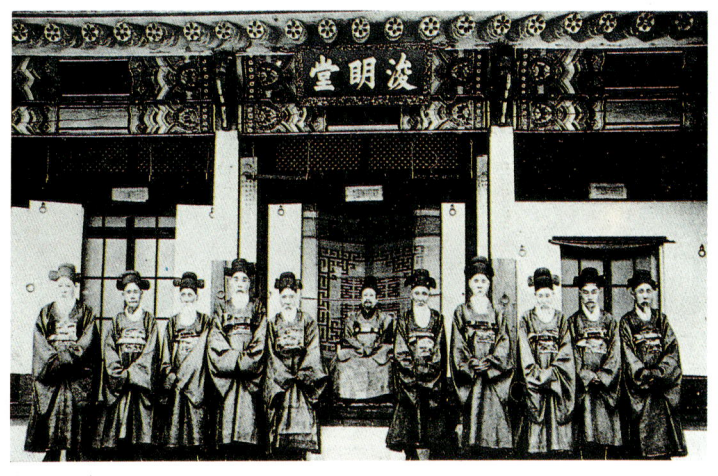

**준명당** 아직 중화전이 건립되기 전인 1900년에 고종과 그 각료들이 준명당 앞에서 찍은 기념 사진이다.(「사진으로 보는 독립운동」)

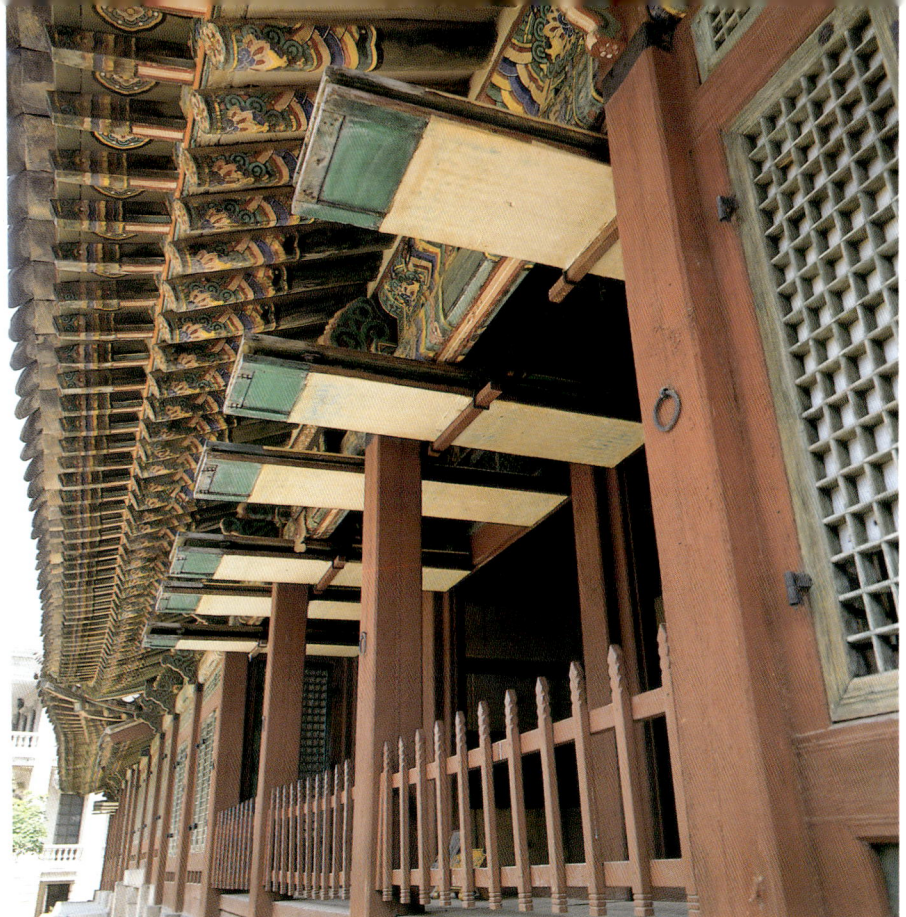

준명당 사분합문

였던 것이다. 그들은 이미 1909년 창경궁을 동물원과 식물원을 개설한 공원으로 만들어 일반인들에게 개방한 바 있었다. 그 뒤 경운궁도 같은 운명에 놓이는 수모를 당했다. 경운궁의 축소화, 공원화 작업은 이 궁궐의 상징적인 의미를 퇴색시킬 목적으로 침략 세력에 의해 이미 오래 전부터 빈틈없이 계획된 작업이었다.

지금 우리가 볼 수 있는 덕수궁은 유감스럽게 대한제국시대 전성기 경운궁 모습의 약 3분의 1을 보존하고 있을 뿐이다.

# 경운궁의 배치와 전각

경운궁 전성기의 모습을 살펴볼 수 있는 '덕수궁평면도'라는 이름의 배치도가 오다(小田省五)의 「덕수궁사(德壽宮史)」에 전해 온다.

이 배치도는 석조전이 준공된 융희 4년 2월에 제작된 것으로 도면상에 기록되어 있다. 그러나 이 도면에는 구성헌과 돈덕전은 있으나 석조전이 없어 도면의 제작 연도에 대해서는 의문이 있다. 어느 문헌에는 석조전이 1900년에 착공되었다고 단정하고 석조전이 준공되던 1910년에 이 도면이 발행되었으나 제작 원안은 그 전에 작성되었을 것이라고 보는 견해도 있다. 그러나 실록에 1904년 4월 경운궁 화재 뒤 가정당, 돈덕전, 구성헌 등이 완전하게 남아 있었다고 하였고 또 와다나베(渡邊豪) 등이 쓴 「조선명승기(朝鮮名勝記)」에는 중건하기 전의 중층 중화전과 구성헌이 동시에 찍힌 사진이 전하는 것으로 미루어보면 구성헌은 중층 중화전이 불탄 1904년 화재 뒤까지도 존재했으며 석조전은 그 뒤 구성헌을 철거하고 그 자리에 신축되었음을 알 수 있다.

이런 사실로 미루어 석조전은 1904년 화재 뒤에 착공되었다고 보아야 할 것이다. 또 위에 든 '덕수궁평면도' 역시 중층 중화전을

# 중화전, 중화문

중화전은 2중 석조 기단 위에 선 정면 5칸, 측면 4칸의 팔작지붕
전각이다. 공포는 다포식(多包式)이며 외7포, 내9포이다. 중앙 어칸
(御間)과 양 협칸(夾間)에 포도 분합문을 달고, 변칸(邊間)에는 머름
을 두고 삼분합창을 달았으며 창방 밑에 광창을 두었다.

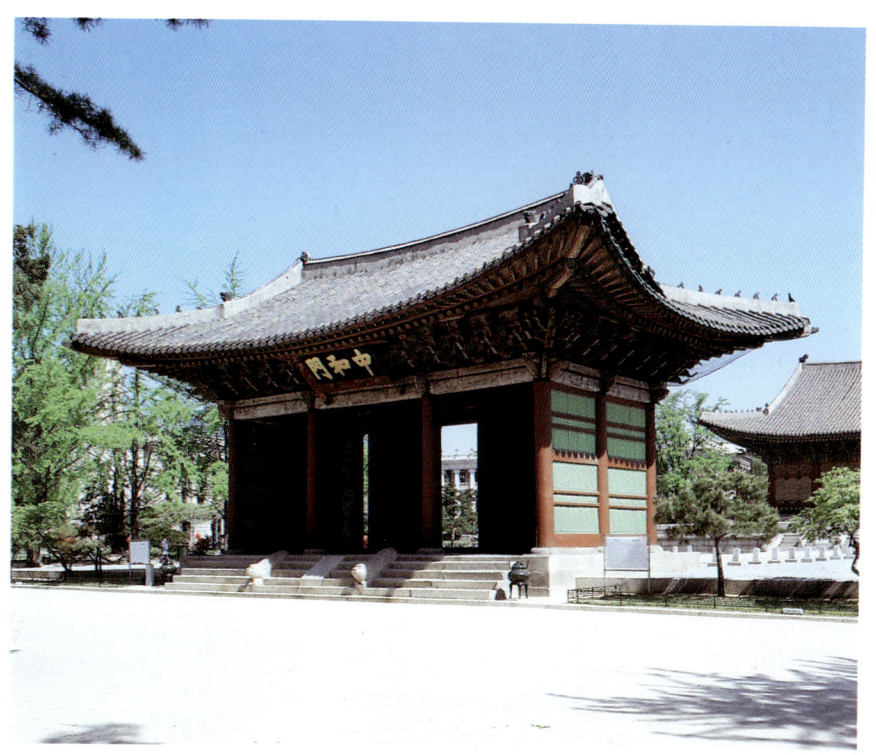

**중화문**　다포식 공포에 정면 3칸, 측면 2칸의 팔작지붕으로 된 중화문은 중화전의 정문
으로 그 규모가 1904년 화재 전의 그것과 같다.

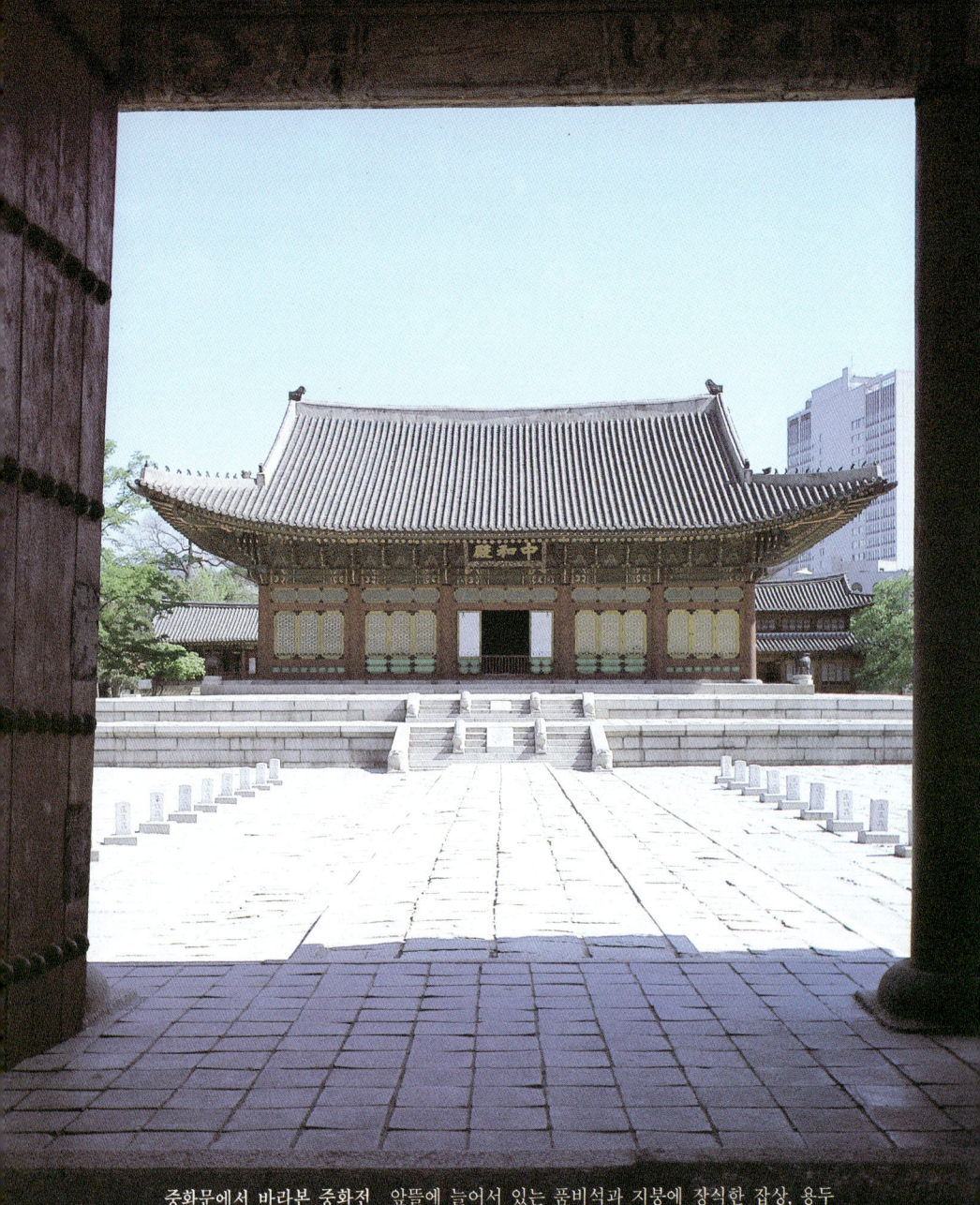

중화문에서 바라본 중화전  앞뜰에 늘어서 있는 품비석과 지붕에 장식한 잡상, 용두
등이 전각의 위엄을 더해 준다.(위, 옆면)

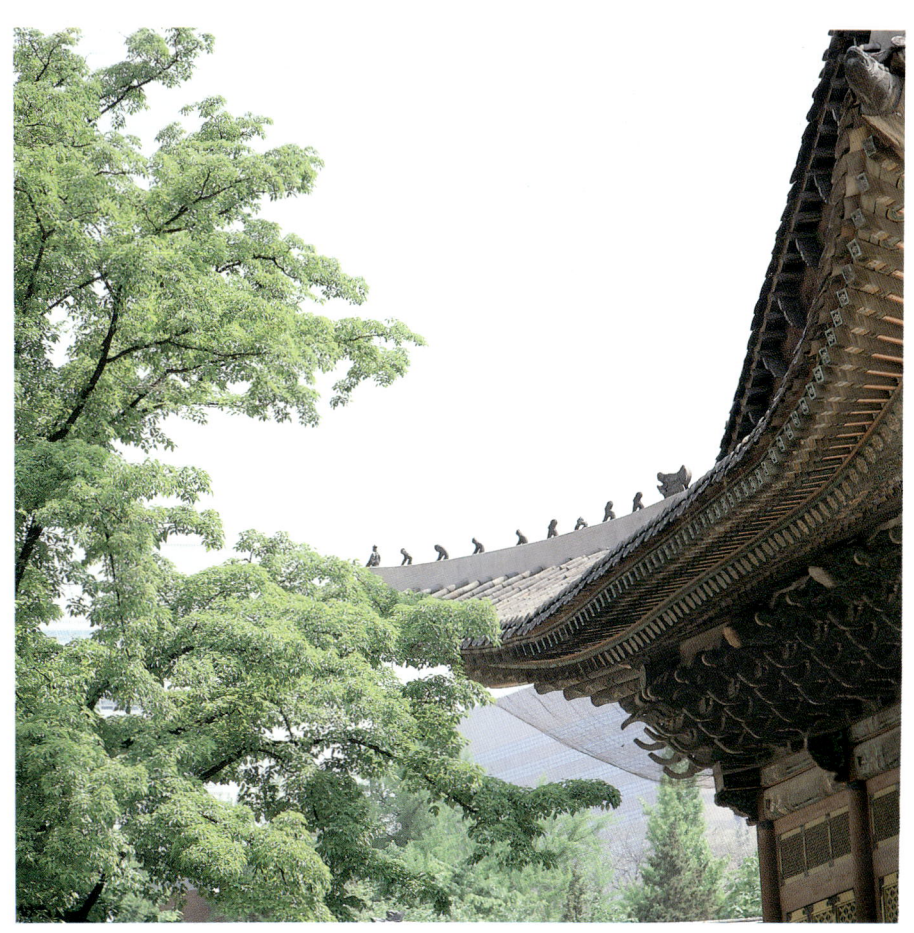

　　중화전은 조하(朝賀)를 받는 정전으로서 그 앞뜰에 품비석, 기단
에 용향로, 전각 내부에 당가, 좌탑, 오봉병, 곡병, 내부 천장에 부룡
(浮龍) 등을 설치하고 또 지붕에는 취두, 운각, 북수(北首), 용두,
잡상 등을 올려 놓아 전각의 위엄을 더하고 있다. 본래 정문 중화문
말고 흠명문, 선춘문 등의 출입구를 구비한 행각과 외문(外門) 조원
문도 갖추고 있었다.

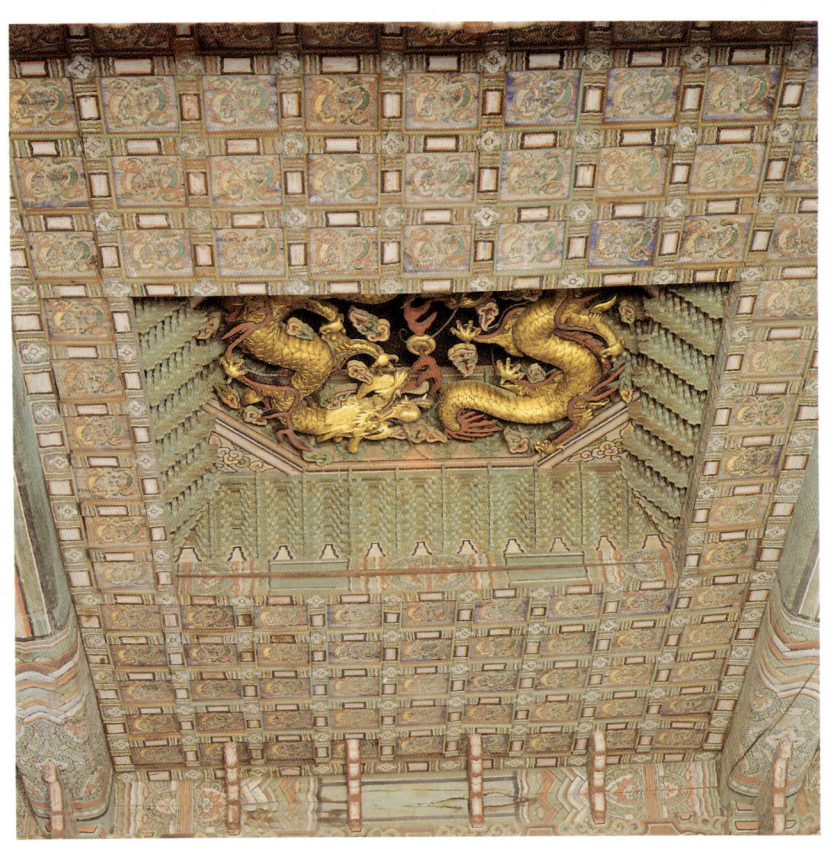

**중화전 천장**　중화전 천장에는 용이 투각되어 있어 창덕궁 인정전 천장에 새겨진 봉황
과 비교된다. 곧 왕의 품격과는 다른 황제의 권위를 상징하고 있다.(위)
**중화전 용향로**　중화전 정면 양옆에 놓인 용향로의 부분이다.(옆면)

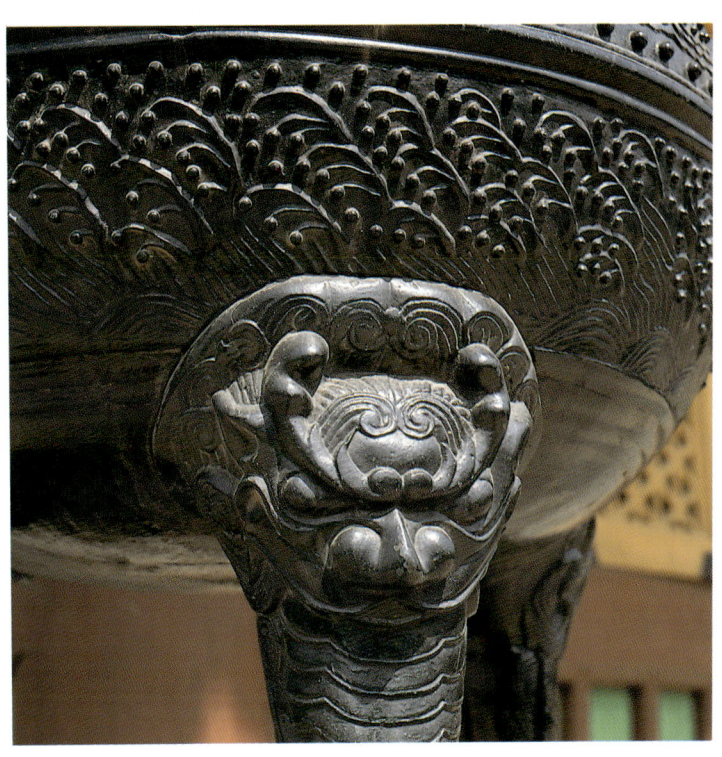

　지금의 중화전은 1904년 4월의 화재 뒤 1905년 1월 21일에 다시 상량한 것이며, 그해 7월 27일에 당가, 8월 21일에 좌탑, 8월 24일에 오봉병, 곡병, 용향로, 품비석 등이 배치되었다. 1902년 9월 13일 상량되었던 그 전의 것은 2층으로 창덕궁의 인정전에 비길 만하였다. 현판은 당시의 의정부참정(議政府參政) 김성근(金聲根)이 썼다.

　중화문은 정면 3칸, 측면 2칸의 팔작지붕으로 되어 있으며 다포식 공포이다. 지금의 중화문은 1904년 4월의 화재 전 중화문과 규모는 같은데 1905년 2월 2일 다시 상량한 것을 그대로 남쪽으로 4칸 위치만 옮긴 것이다.

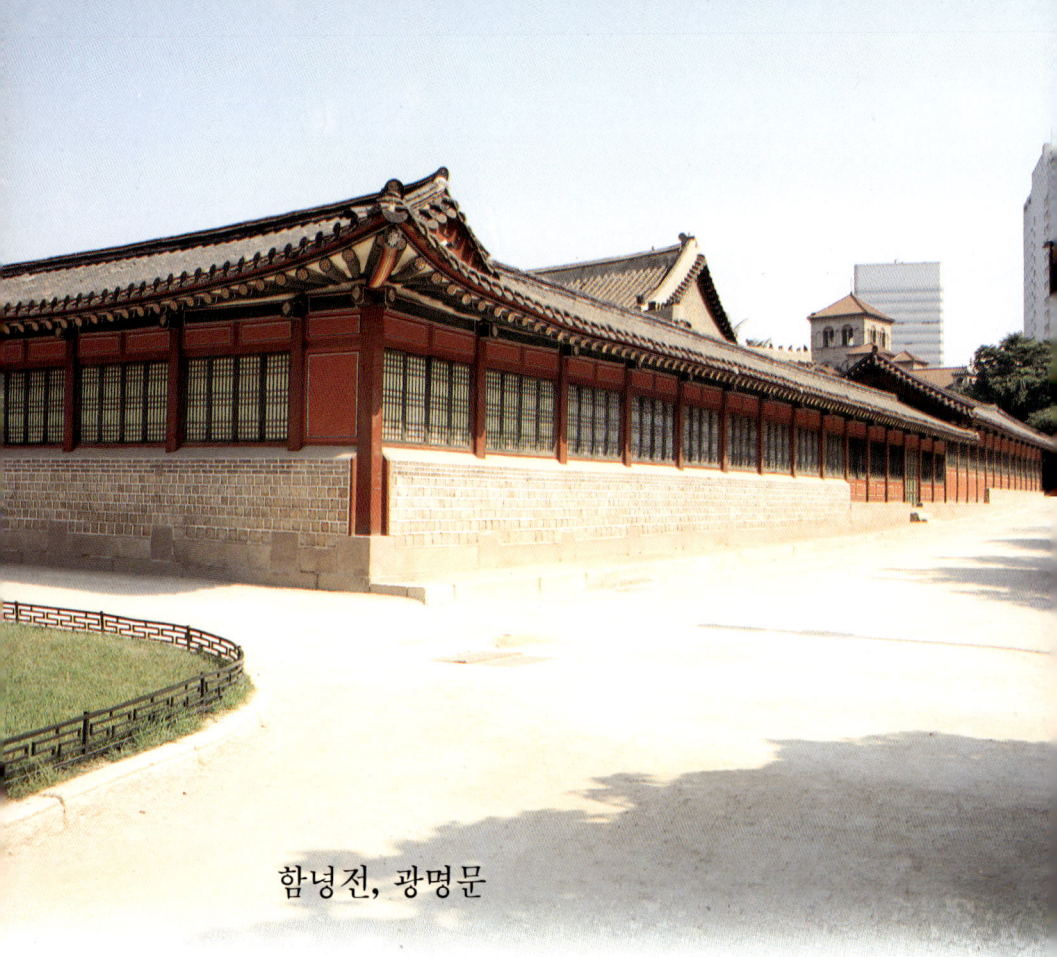

## 함녕전, 광명문

　함녕전은 정면 9칸, 측면 4칸 팔작지붕의 전각인데, 서쪽에 익랑(翼廊)이 있어 'ㄱ'자 평면으로 되어 있다. 공포는 익공식(翼工式)이다. 외부로는 토벽이 없고 교창(交窓)과 정자살 띠살의 사분합문(四分閤門)만 달았다. 정면의 중앙 3칸은 툇마루로 개방되어 있다.

　1904년 4월의 화재 뒤 1905년 1월 21일 상량했다. 그 전에는 행각에 정문 광명문말고 치중문(致中門), 응춘문(凝春門), 선양문(宣陽門), 돈신문(敦信門), 안창문, 청희문(清熙門), 봉양문(鳳陽門)등 많은 출입구가 있었고 정이재(貞頤齋), 양이재도 있었다.

함녕전은 황제의 침전으로 쓰였는데 독일 하인리히(Heinrich) 친왕을 여기서 접견했다. 순종은 즉위 뒤 잠시 여기서 거처했고 고종은 양위 뒤 수옥헌에 있었으나, 순종이 창덕궁으로 옮겨간 뒤 여기서 거처하다가 죽었다. 그 뒤 이곳은 빈전, 혼전(魂殿)으로 사용했으며 그의 혼전을 효덕전(孝德殿)이라 불렀다.

광명문은 정면 3칸, 측면 2칸, 팔작지붕의 문으로, 이 문은 본래 함녕전 정면 남쪽에 있었는데 1938년 지금의 위치로 옮겼다. 여기에는 흥천사 범종과 보루각 자격루(報漏閣自擊漏)가 전시되어 있는데 경운궁과는 관계없는 유물이다.

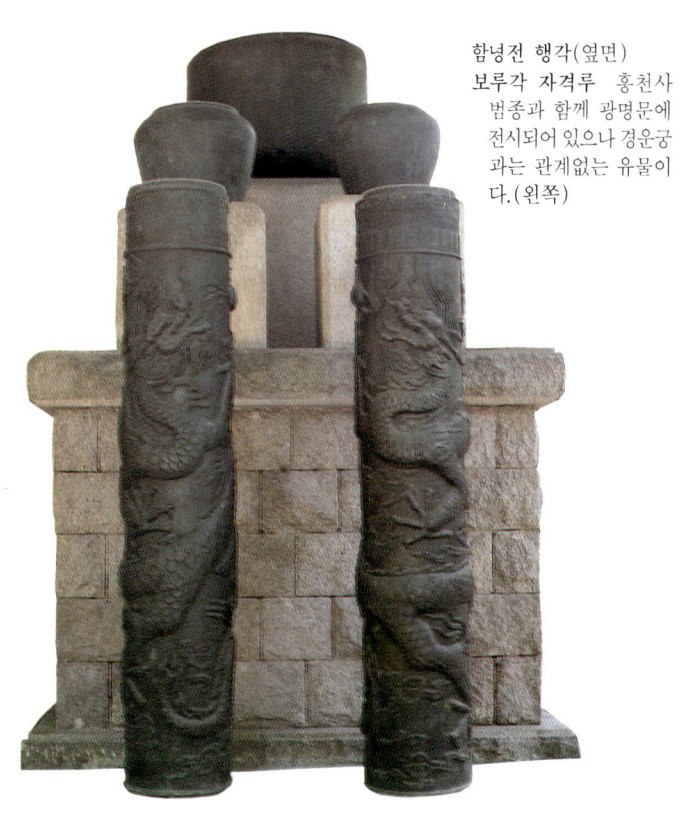

함녕전 행각(옆면)
보루각 자격루 흥천사 범종과 함께 광명문에 전시되어 있으나 경운궁과는 관계없는 유물이다.(왼쪽)

# 즉조당

　정면 7칸, 측면 4칸으로 된 팔작지붕의 전각이다. 정면 동쪽으로부터 2, 3, 4번째 칸을 개방하여 툇마루로 만들었다. 서쪽의 준명당과 2칸 복도로 연결되어 있는데, 그 아래쪽으로도 통행이 가능하도록 만들었다. 건물 북쪽에 화초장(花草墻)이 있었다.

　선조(宣祖) 때부터 있었던 건물이나 1904년 4월의 화재 뒤인 1904년 5월 14일 중건되었다. 인조(仁祖)가 이곳에서 즉위하였다 하여 즉조당이란 명칭이 붙었다. 중화전이 건립되기 전 한때 정전으로 사용되었으며 태극전(太極殿), 중화전이라 했다. 그 뒤 귀비 엄씨가 거처하였으며 그는 여기서 죽었다.

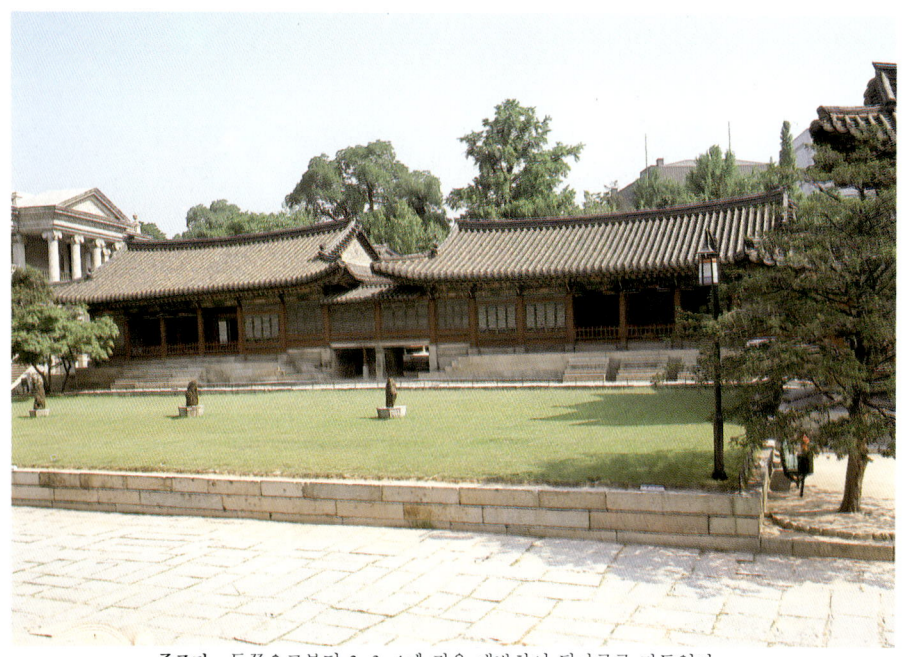

**즉조당**　동쪽으로부터 2, 3, 4째 칸은 개방하여 툇마루를 만들었다.

# 석어당

　궁궐 안의 유일한 2층 건물이다. 아래층은 정면 8칸, 측면 3칸이고 위층은 정면 6칸, 측면 1칸인 팔작지붕의 건축이다. 부속된 행각이 있었으며 건물 동북쪽에 화초장이 있었다.

　선조 때부터 있었던 건물이며 1904년 4월의 화재 뒤 1904년 5월 14일 중건되었다. 옛날 왕이 거처한 전각이라 하여 이런 당호가 붙었다. 한때 황태자비가 거처하던 곳이다.

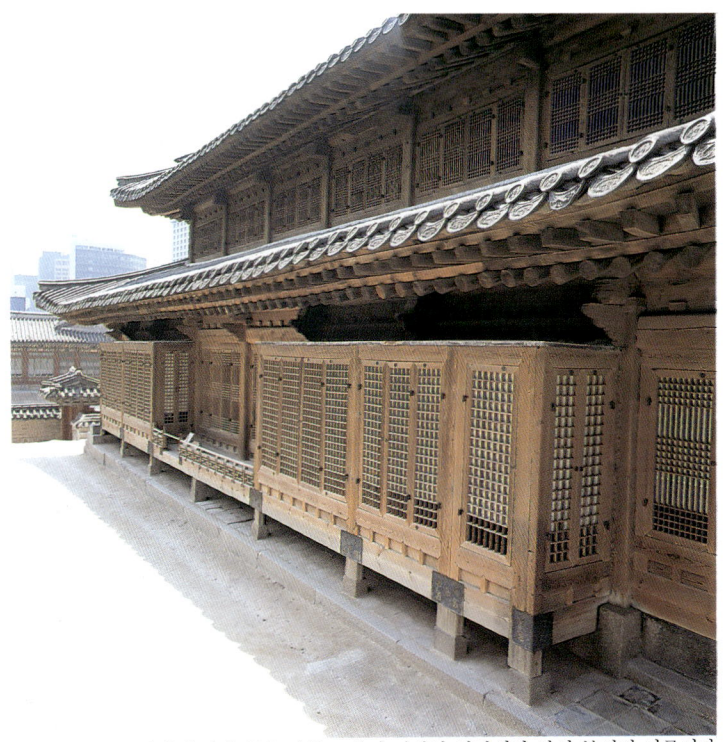

**석어당(뒤)** 궁 안의 유일한 중층 건물로 왕이 거처한 전각이라 하여 붙여진 이름이다.

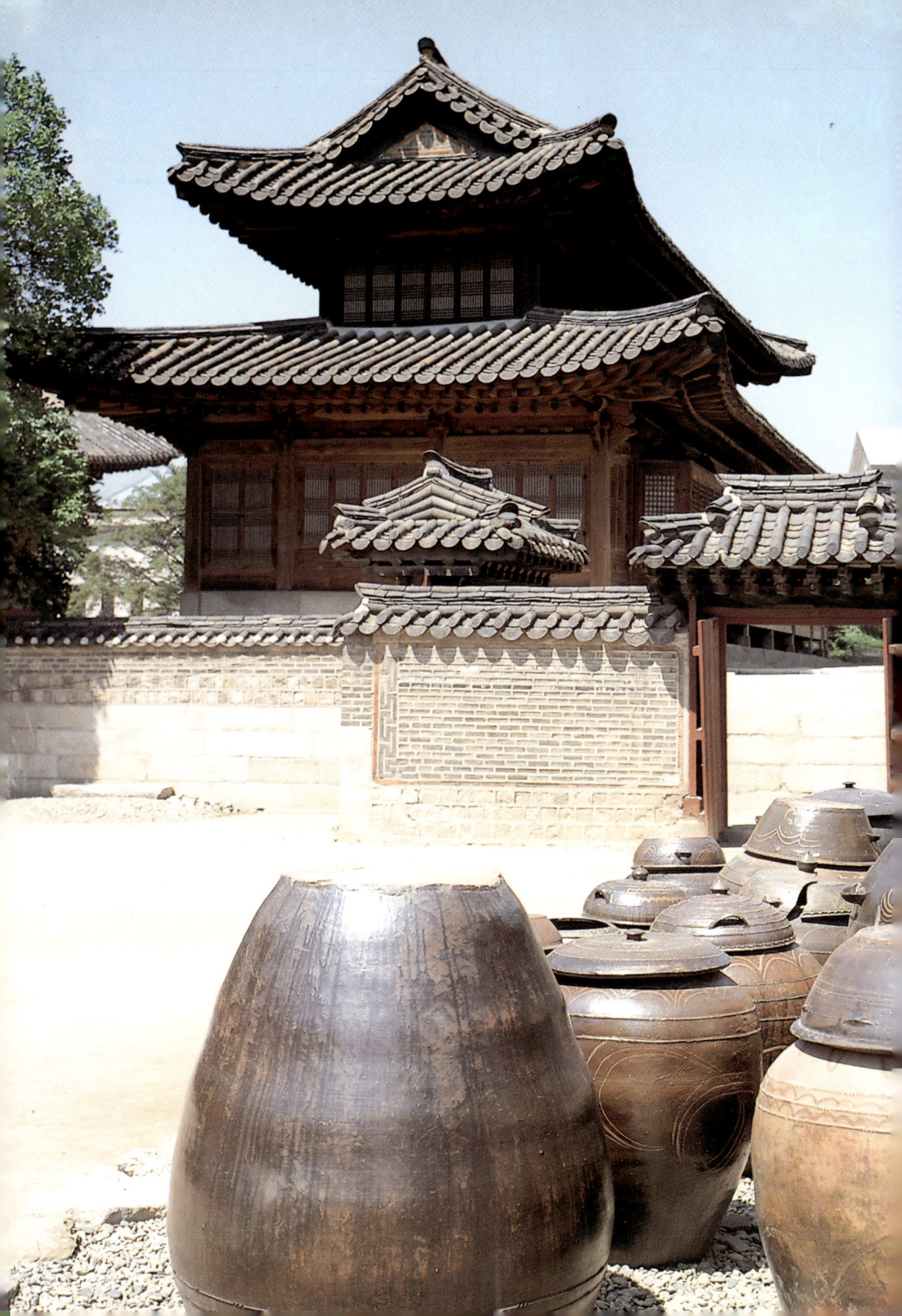

# 준명당

정면 6칸, 측면 4칸의 팔작지붕 전각이나 동쪽 끝에 익랑이 있어
'ㄱ'자 평면을 구성하고 있다. 연결되어 있는 즉조당과는 반대로
정면 서쪽으로부터 2, 3, 4번째 칸을 개방하여 툇마루를 만들어
조화를 이루었다. 원래는 행각이 있었으며 건물 서쪽에 화초장이
있었다.

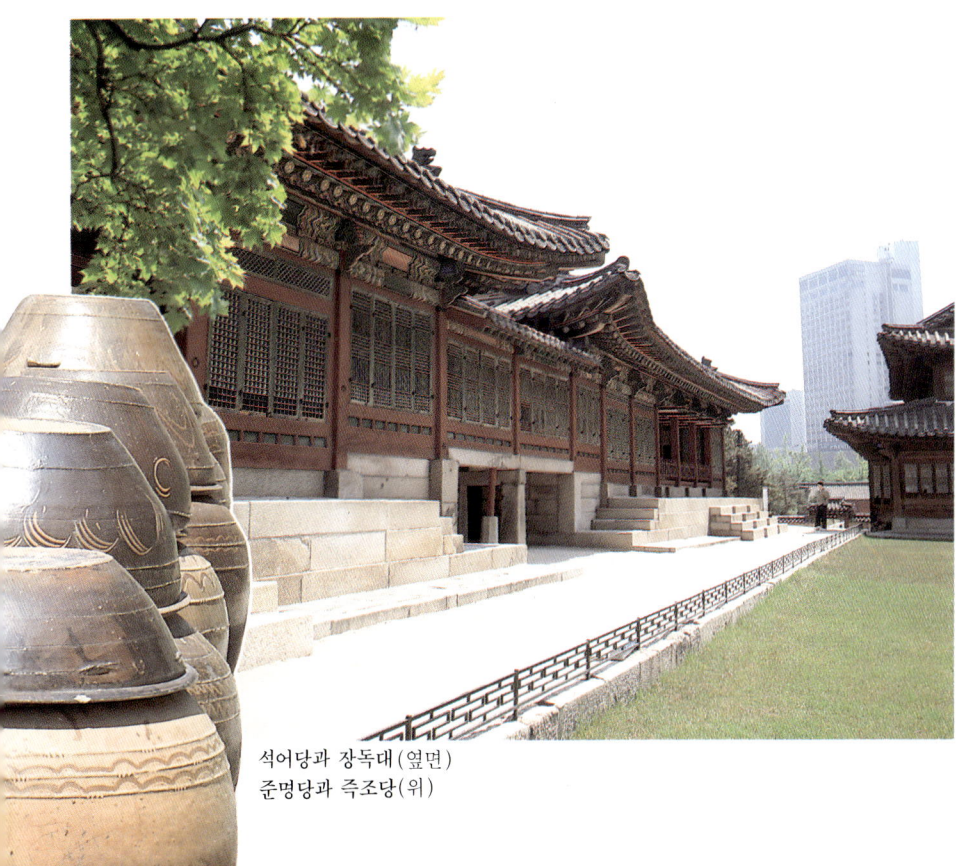

석어당과 장독대(옆면)
준명당과 즉조당(위)

1904년 4월의 화재가 있은 뒤 1904년 6월 30일 중건된 것이다. 화재 때 고종, 순종의 어진, 예진(睿眞)을 여기로 옮기고, 경효전도 이 건물의 서행각에 옮긴 일이 있었다. 외국 사신을 여러 번 여기서 접견했다.

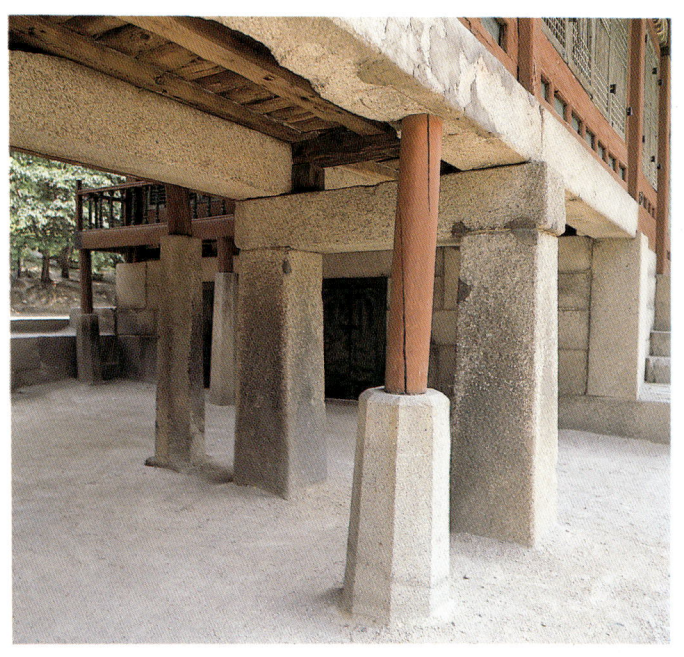

**준명당 복도의 누하주**  준명당과 즉조당을 연결시키는 2칸 복도의 아랫부분으로 사람
  의 통행이 가능하도록 만들어 흥미롭다.(위)
**현재의 대한문**  고층 빌딩에 묻혀 버릴 듯이 보이는 우진각지붕의 건물이 대한문이
  다. 전면 도로의 확장으로 이 문은 여러 번 후퇴를 했다. 이제 역사적 환경의 보존에
  도 도시 개발에 못지않은 관심을 기울여야 한다.

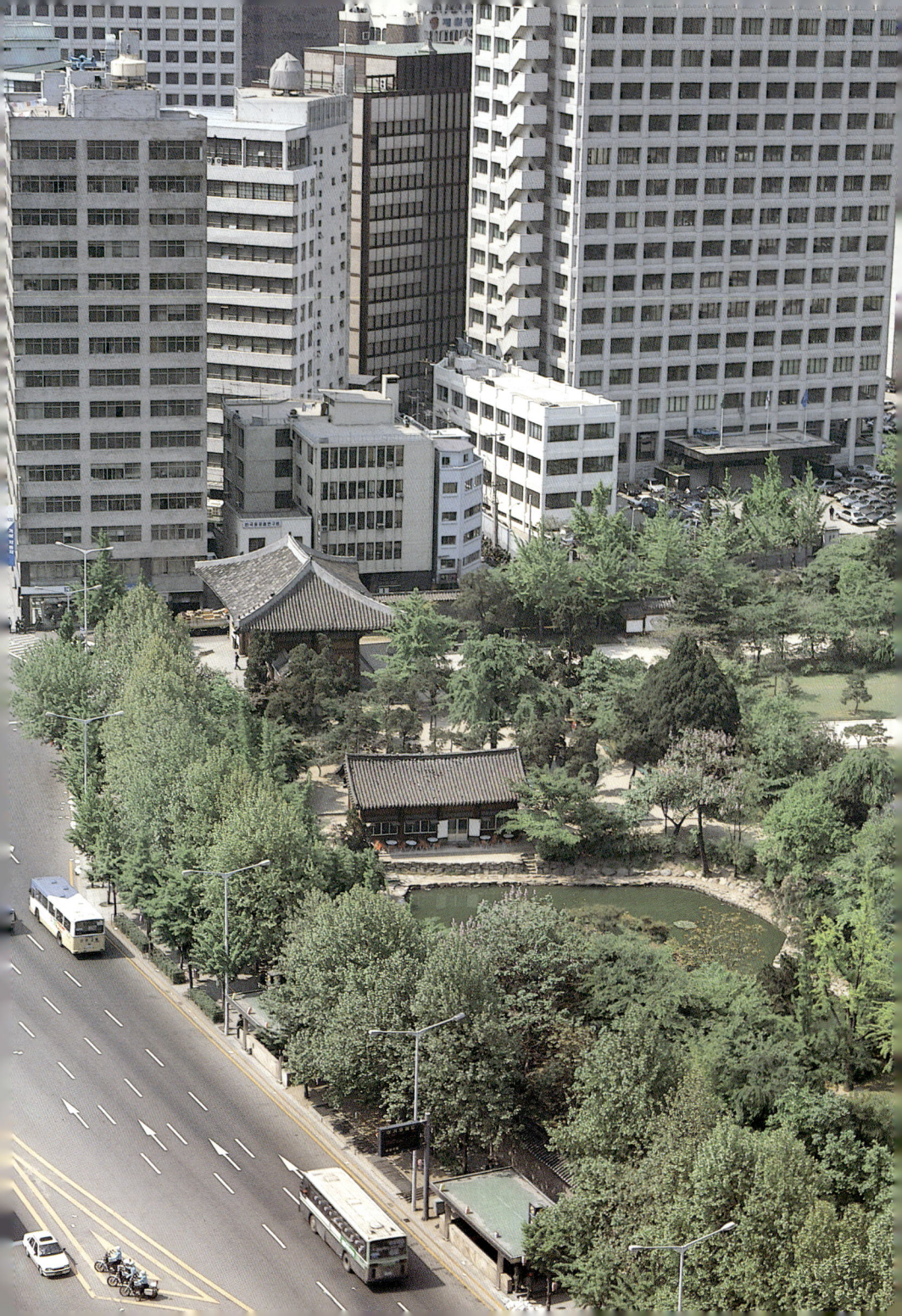

# 대한문

정면 3칸, 측면 2칸으로 된 다포식 우진각지붕의 건축이다.

1906년 5월 17일 당시의 대안문(大安門)을 수리하고 다시 상량하여 이름을 바꾸어 경운궁의 정문으로 삼았다. 동시에 그 전까지의 정문 인화문(人化門)을 없애고 그 자리에는 건극문(建極門)을 만들었다. 궁궐 정문 앞에 넓은 광장을 마련하려는 의도 때문이었을 것이다. 현판은 당시의 궁내부 특진관(宮內部特進官) 남정철(南廷哲)의 글씨이다.

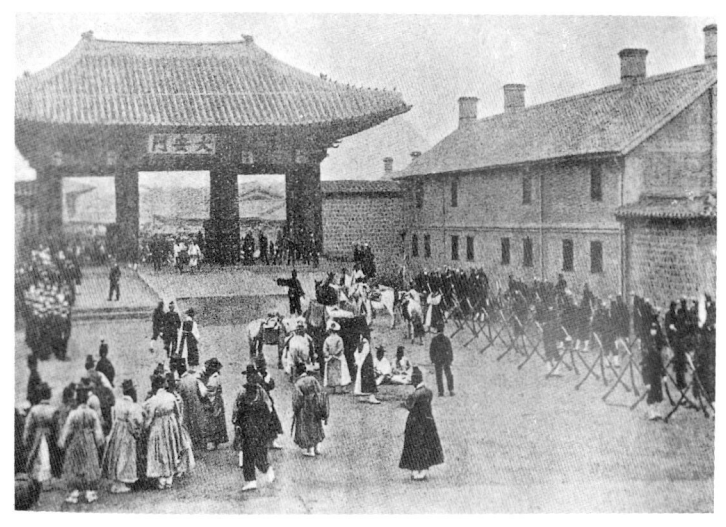

**대안문**  원래의 정문인 인화문은 철거하고 당시의 대안문을 다시 수리하여 정문으로 삼았다. 군인들이 대안문을 경계하고 있는 모습이다.(최석로「사진으로 보는 조선시대-속」에서)

# 덕홍전

정면 3칸, 측면 4칸의 팔작지붕의 전각이다. 공포는 익공식이다.
1904년 4월의 화재 뒤 수옥헌 방면으로 옮긴 경효전 터에 1911년
이 건물을 지어 귀빈의 알현소(謁見所)로 사용했다.

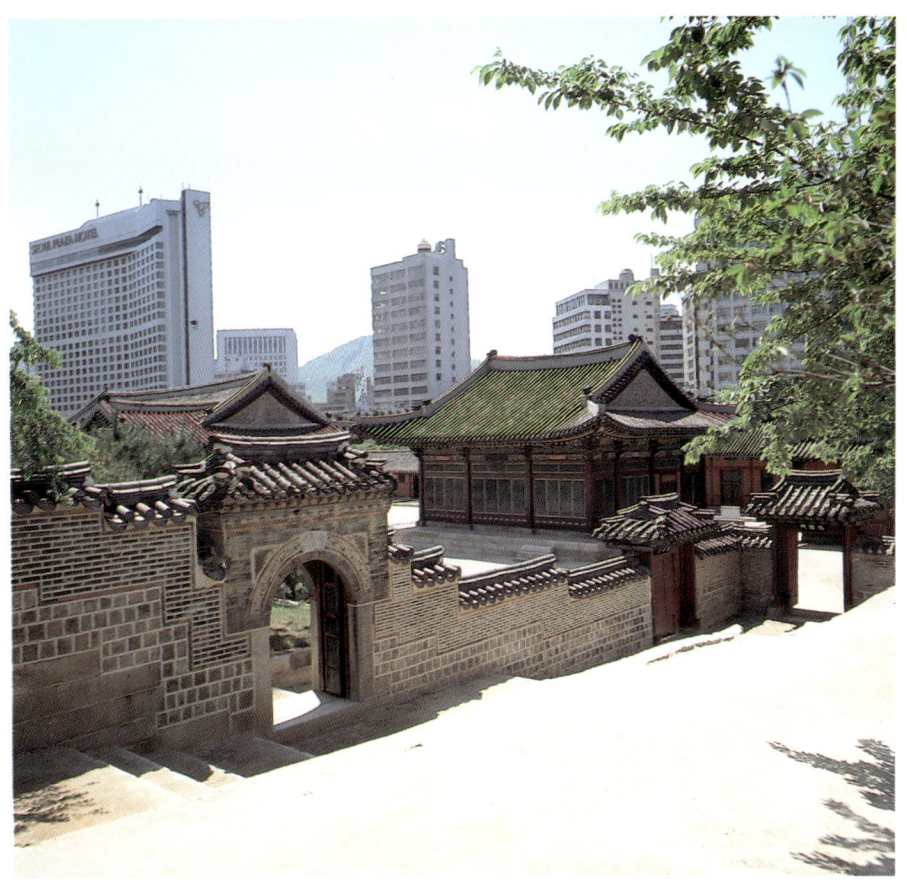

**덕홍전과 샛담**  귀빈의 알현소로 사용된 덕홍전을 두르고 있는 샛담은 전돌로 쌓아올
린 꽃담이다.

# 석조전, 별관

1910년에 완성된 이 건물의 연면적은 1,226평이다. 건물 외부에
는 이오니아식 주두(柱頭)로 된 열주가 늘어서 있고 전면 중앙
현관의 상부 박공에는 황실 문장인 배꽃이 새겨져 있다. 콜로니얼
스타일의 건축이다.

상해(上海)의 영국인 하아딩(G. R. Harding)이 설계하였고 일본
의 오오구라구미(大倉組)가 공사를 했다. 한국인 심의석, 러시아인
사바틴(G. Sabatin), 일본인 오가와(小川陽吉), 영국인 데이빗슨
(H.W. Davidson) 등이 감독하였으며 실내 공사는 영국인 로벨
(Lovell)의 설계로 런던의 크리톨(Crittall), 메이플(Maple) 회사가
맡아 하였다 한다. 1층에는 시종인들의 거실, 2층에 접견실을 두
고, 3층에는 황제, 황후의 침실, 거실, 담화실, 욕실을 배치했다.

이 건물은 1933년에 일반에 공개되었고 해방 뒤 미소공동위원회
(美蘇共同委員會), 국련한국위원회(國聯韓國委員會), 국립박물관
(國立博物館), 국립현대미술관(國立現代美術館) 등으로 사용되었으
며 현재는 궁중유물전시관(宮中遺物展示館)으로 활용되고 있다.

1937년 이왕직박물관으로 지은 별관은 연면적이 1,104평이며,
해방 뒤 석조전의 부속 건물로 사용되었다.


# 정관헌

팔작지붕 등 동양적 요소가 있는 벽돌조 단층 양옥인데, 인조석
씻어내기로 만든 독립 기둥에는 로마네스크식 주두가 있다. 그 뒤
전면과 측면 테라스에 정교한 아케이드를 만들어 증축한 것으로
추측된다.

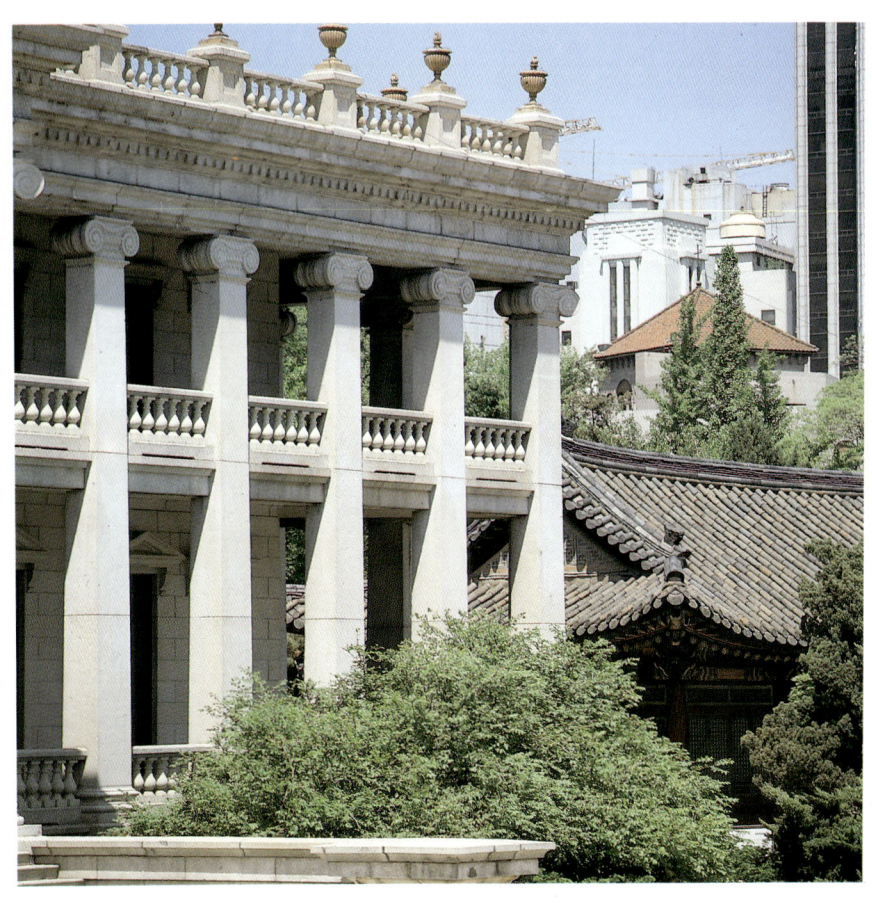

**석조전 기둥**  이오니아식 주두로 된 열주가 늘어서 있는 석조전은 경운궁 안에 있는 양옥 가운데 대표적인 건물이다.

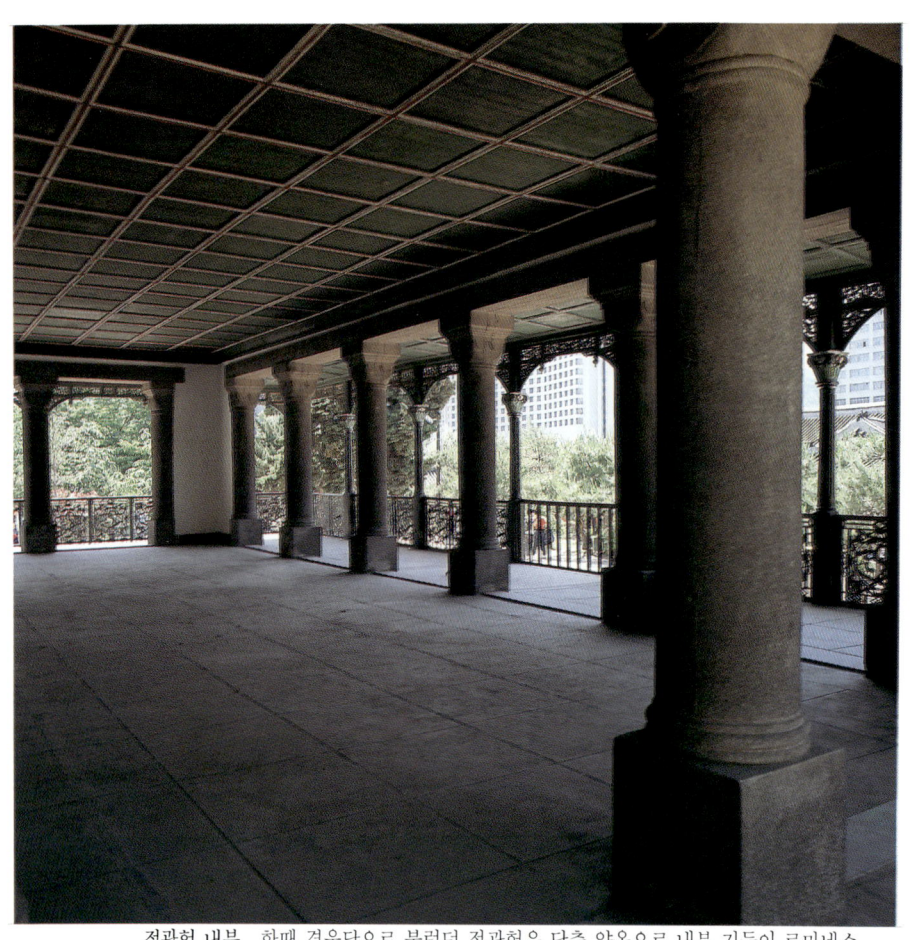

**정관헌 내부**  한때 경운당으로 불렀던 정관헌은 단층 양옥으로 내부 기둥이 로마네스크식 주두로 석조전의 외부 기둥과 비교된다. 바닥은 대리석판을 깔았다.

1900년 진전의 화재 뒤 태조의 영정을 봉안하고 한동안 경운당(慶運堂)이라 불렀으나, 새 진전이 완성됨에 따라 영정을 그곳으로 옮겼다. 1906년 흠문각, 계명재(繼明齋)로부터 고종의 어진, 순종의 예진을 한때 여기로 옮겼는데 그 뒤 다시 되돌려 보낸 일도 있다.

# 기타 전각

일본인들에 의해 정리되어 그 모습을 감춘 건물들은 크게 중화전 함녕전 주위, 미국 대사관 서쪽, 미국, 영국 두 나라의 대사관 북쪽에 있었던 전각들로 나누어 볼 수 있다.

지금의 중화전과 함녕전 주위에는 수인당, 영복당, 보문각, 관명전, 구성헌, 함유재, 대유재, 가정당, 돈덕전, 양심당, 응복당, 구여당 등의 전각들이 있었다.

수인당은 함녕전 동북쪽에 있었다. 1903년 헌종계비 명헌태후 홍씨(憲宗繼妃明憲太后洪氏)가 여기서 죽었다.

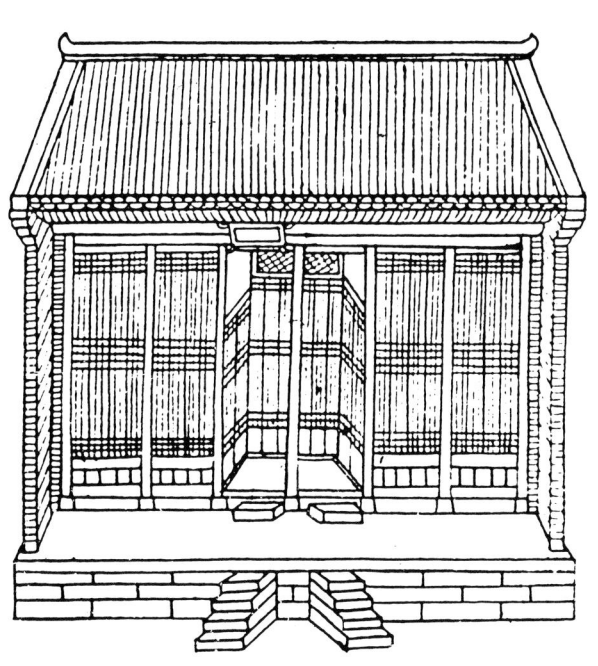

함유재 정면도  맞배지붕의 전각으로 양쪽 측벽이 벽돌 조적조로 되어 개량된 한옥임을 알 수 있다. (「경운궁중건도감의궤」)

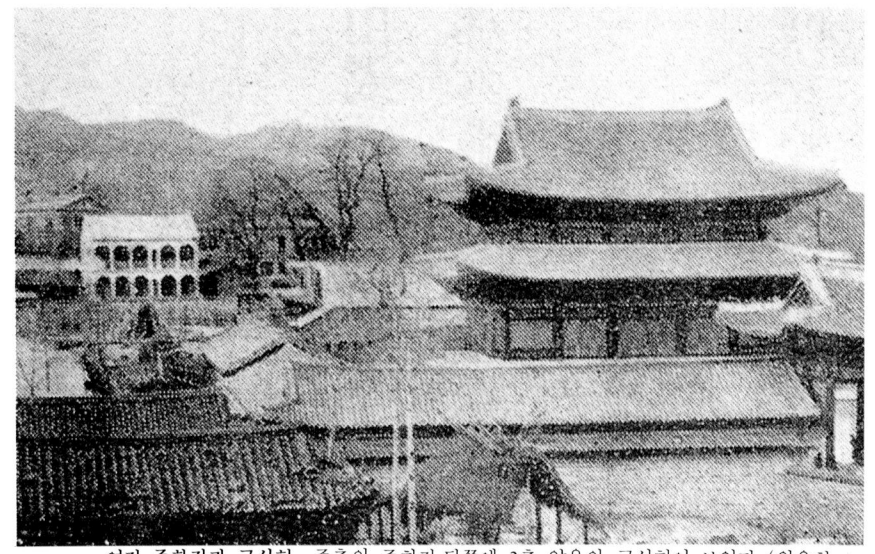

영건 중화전과 구성헌  중층의 중화전 뒤쪽에 2층 양옥의 구성헌이 보인다.(원유한
외 「한국사대계 7」 삼진사)

영복당은 함녕전 동쪽에 있었다. 행각이 있었고, 건물 서쪽에 화초
장이 있었다. 덕언당(德言堂)이라고도 불렀는데 1911년 순헌귀비
엄씨(純憲貴妃嚴氏)가 여기서 죽었고 그의 혼전으로 썼다.

보문각은 준명당 북쪽에 있었다. 고종은 경운궁으로 환어한 뒤
이 건물을 지어 고종의 어진, 순종의 예진을 여기로 옮겼다가 그러
나 다시 흠문각으로 옮겼다.

관명전은 중화전의 서북쪽에 있었다. 처음에는 덕경당(德慶堂)
이라 불렀으나 이름을 바꾸었다.

구성헌은 준명전의 서북쪽 석조전의 부지에 있었던 2층 양옥이
다. 여러 차례 외국 사신을 여기서 접견했다.

함유재는 함녕전의 서북쪽에 있었던 맞배지붕의 전각인데 「경운
궁중건도감의궤」의 '도설(圖說)'을 보면 양 측벽이 벽돌 조적조로
되어 경복궁의 집옥재와 비슷한 개량된 한옥임을 알 수 있고, 그

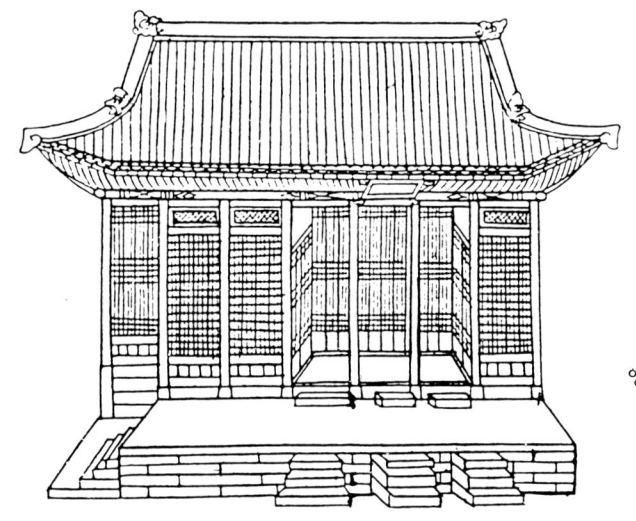

**영복당 정면도** 덕언당이라고 도 부른 영복당은 순헌귀비 엄씨의 혼전으로 사용되었 다.(「경운궁중건도감의궤」)

뒤 시가지에 다수 출현한 상가에도 많은 영향을 주었을 것으로 짐작 된다. 대유재는 함녕전의 서쪽에 있었으며, 가정당은 즉조당의 북쪽 에 있었다.

돈덕전은 석조전 서북쪽에 있었던 2층 양옥이다. 외국 사신의 알현소 또는 연회소로 사용되었다. 1901년 건축된 것이라 하며, 내부에는 6개의 큰 원주가 있는 100평 넓이의 큰 방이 있었다. 순종은 여기서 즉위하였고 석조전이 완공된 뒤 헐린 것으로 본다.

현재의 미국 대사관 서쪽에 있는 중명전 인근에는 경효전, 흠문 각, 만희당, 강태실, 환벽정 등 여러 전각이 있었다.

중명전은 미국 대사관 서쪽에 있는 벽돌로 된 2층 양옥이다. 외국 사신의 알현소 또는 연회장으로 사용되었으며 을사보호조약이 여기 서 체결되었다. 창덕궁으로 옮기기 전에 한때 순종은 여기서 거처했 다. 1925년 3월 12일 화재로 소실되어 벽만 남은 것을 복구하여 외국인 클럽으로 사용하였다.

경효전은 원래 함녕전 서쪽에 있었으나 중명전 북쪽으로 옮겼다. 고종은 1896년 9월 함녕전과 중화전 중간에 경소전을 지어 경복궁에 있던 민비의 빈전을 옮겼다. 1897년 10월 장래 뒤 이 전각은 그의 혼전이 되고 경효전이라 하였다. 1898년 수리를 위해 혼전을 잠시 즉조당으로 옮긴 일도 있으며 1904년 화재 때에는 준명당의 서행각에 옮겨져 있었다. 경효전은 그 복구가 빨라 1904년 5월 9일 상량하고, 6월 14일 당가 입배(唐家入排)까지 마쳤으나 1905년 1월 8일 이를 철훼하고 그 뒤 재건한 것으로 되어 있다. 그때 중명전 방면으로 옮겼을 것이다.

흠문각은 본래 정관헌 남쪽에 있었으며 고종의 초상, 어진을 봉안했던 곳이다. 「경운궁중건도감의궤」의 '도설'을 보면 이 전각도 함유재와 같은 개량 한옥임을 알 수 있다. 계명재는 이 전각의 별실로 당시의 황태자 순종의 초상, 예진을 봉안했다. 1904년 화재 때 어진

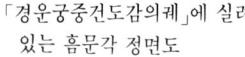
「경운궁중건도감의궤」에 실려
있는 흠문각 정면도

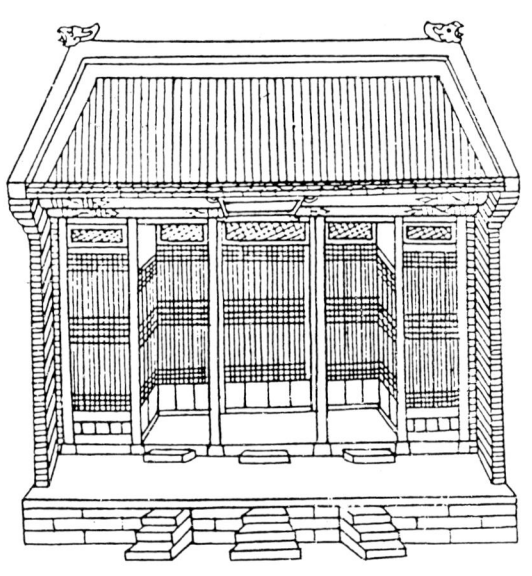

과 예진을 임시로 준명당에 옮겼다. 그 뒤 만희당 북쪽에 '도설'에 있는 것과 같은 전각을 중건했다.

만희당은 중명전의 북쪽에 있었는데 그 뒤 창덕궁 낙선재(樂善齋) 옆으로 옮겼다.

강태실은 중명전 서남쪽에 있었다. 당시의 황태자비 순명황후 민씨(純明皇后閔氏)는 여기서 거처하다 1904년 1월에 죽었다.

환벽정은 중명전 북쪽에 있던 양옥이다. 즉위하기 전 순종이 거처하던 곳이다.

지금의 미국 대사관과 영국 대사관의 북쪽 경기여자고등학교와 덕수국민학교의 자리에도 선원전을 비롯하여 사성당, 흥덕전, 의효전, 흥복전 등이 있었다.

선원전은 역대 선왕의 어진을 봉안하는 전각이다. 1897년 6월 포덕문 안쪽에 이 전각을 지었으나 1900년 10월 화재를 입어 영성문 안쪽 이곳에 다시 중건했다. 그 뒤 창덕궁 후원에 영건된 선원전으로 옮길 때까지 열성의 어진은 여기 봉안되어 왔었다. 경운궁에 환어하기 전에는 즉조당에 임시로 봉안되어 있었다.

사성당은 선원전의 서쪽에 있었다.

흥덕전은 선원전의 북쪽에 있었다. 1904년 1월 헌종계비 명헌태후 홍씨가 죽자 그의 빈전이 되어 인소전이라 했고, 이어서 혼전이 되어 효혜전(孝惠殿)이라 했다. 같은 해 11월 순종비 순명황후 민씨가 죽었을 때, 1911년 순헌귀비 엄씨가 죽었을 때 빈전으로 쓰였다.

의효전은 선원전 동쪽에 있었다. 1904년 순명황후 민씨가 죽었을 때 이 건물을 지어 혼전으로 썼다. 한때 문경전(文慶殿)이라 불렀다. 또 경운궁에는 대한문말고도 동쪽에 평장문(平章門)과 포덕문, (현재는 서쪽에 옮겨져 있음), 남쪽에 건극문과 용강문(用康門), 서쪽에 평성문과 회극문(會極門), 북쪽에 생양문(生陽門)과 영성문 등 외부 출입문이 있었다고 한다.

# Tŏksugung Palace
## (Kyŏngungung Palace)

Tŏksugung Palace, Historic site No. 124, was originally the private residence of Prince Wolsan(1454-88), an elder brother of King Sŏngjong. Because all the royal palaces in Seoul were destroyed by fire during the Japanese invasion of 1592, King Sŏnjo(r.1567-1608) took up temporary residence here in 1593 when he returned to Seoul from his refuge in Ŭiju. He expanded it and lived here for 16 years until his death in 1608.

Kwanghaegun(r. 1608-23), Sŏnjo's successor, renamed it Kyŏng-un-gung Palace and resided here for seven years before he moved to the rebuilt Ch'angdŏkkung Palace in 1615. In 1618 he confined his step-mother Queen Inmok here.

When Kwanghaegun was deposed in 1623, King Injo's coronation was held in the palace's Chŭkchodang Hall. But he moved to Kyŏngdŏkkung and the palace was returned to the descendants of Prince Wolsan except for the Chŭkchodang and Sŏgŏdang halls. The palace fell into disuse.

King Kojong renovated and expanded Kyŏng-un-gung Palace and took up residence in it in 1897 following a brief sojourn in the nearby Russian legation in 1896 during the turmoil which ensued from the assassination of his wife, Queen Min, in 1895. There he proclaimed the establishment of the Great Han Empire and proclaimed himself emperor. Construction work continued over the years to expand Kyŏng-un-gung to the proper stature of a royal palace. Chunghwajŏn, a two-story throne hall, was completed in 1902 but was destroyed by a fire in 1904. Undaunted, Kojong immediately set forth to reconstruct the hall and other auxiliary buildings. The erection of Taehanmun, the main gate, in 1906 formally marked the completion of the palace.

As the expansion of Kyŏng-un-gung was motivated by a national desire to assert the sovereignty of the king, one would expect traditional architectural styles to be employed. The abundance of Western-style buildings including the Sŏkchojŏn Hall, however, leads one to suspect that the government was not in complete control. Sŏkchojŏn might have been built as part of a master plan to demolish Kyŏng-un-gung. The ready removal of the corridors of Chunghwajŏn to make room for a fountain in front of Sŏkchojŏn in indicative of the general situation at the time.

In 1907 Kojong was forced by the Japanese imperialists to abdicate in favor of his son Sunjong who took up residence in Ch'angdŏkkung. Kojong lived in retirement in Kyŏng-un-gung and its name was changed to Tŏksugung. After Kojong died in the palace in 1919, many of the palatial buildings were torn down and the palace was truned into a public park.

# 참고 문헌

「진전중건도감의궤」 서울대학교 규장각도서 11241
「중화전영건도감의궤」 서울대학교 규장각도서 14345
「경운궁중건도감의궤」 서울대학교 규장각도서 14328
「중건도감회계」 서울대학교 규장각도서 19174
「장역기철」 서울대학교 규장각도서 19311
「중화전중건예산명세서」 서울대학교 규장각도서 20261
「함녕전신건예산명세서」 서울대학교 규장각도서 20279
「덕수궁중건도감상기」 서울대학교 규장각도서 26089
「경운궁중건역비청구서」 서울대학교 규장각도서 21698
「중화전행각삼문소용물종가미발책」 서울대학교 규장각도서 20261
「고종순종실록」 국사편찬위원회, 1970.
「조선왕조실록」 국사편찬위원회, 1955~58.
「승정원일기」 국사편찬위원회, 1967~68.
「일성록」 서울대학교 출판부, 1972.
「동국문헌비고」 명문당, 1981.
「구한국관보」 아세아문화사
「구한국외교문서」 고려대학교 아세아문제연구소
「황성신문」 한국문화간행회
「대한매일신보」 한국신문연구소
「건축소사업개요(제1차)」 1909.
「한국재정시설강요」 통감부, 1910.
「서울600년사 제3권」 서울특별시사편찬위원회, 1970.
「서울특별시사(고적편)」 서울특별시사편찬위원회, 1963.
「경성부사」 경성부, 1934~41.
「덕수궁사」 소전성오, 이왕직, 1938.
「왕궁사」 이철원, 동국문화사, 1954.
「한국양식건축80년사」 윤일주, 야정문화사, 1966.
「경운궁의 영건에 관한 연구」 김순일, 동국대학교대학원, 1983.
'덕수궁중화전실측보고' 강봉진,「건축」14권 37호, 1970.

빛깔있는 책들 102-18

# 덕수궁 (경운궁)

초판 1쇄 발행 | 1991년 9월 17일
초판 8쇄 발행 | 2003년 4월 30일
재판 1쇄 발행 | 2013년 5월 16일

글 | 김순일
사진 | 김종섭
발행인 | 김남석

편 집 이 사 | 김정옥
디   자   인 | 임세희
전         무 | 정만성
영 업 부 장 | 이현석

발행처 | (주)대원사
주   소 | 135-230 서울시 강남구 일원동 642-11 대도빌딩 3층
전   화 | (02)757-6717~6719
팩시밀리 | (02)775-8043
등록번호 | 등록 제3-191호
홈페이지 | www.daewonsa.co.kr

값 8,500원

ISBN 978-89-369-0108-0

잘못 만들어진 책은 바꾸어 드립니다.

# 빛깔있는 책들

## 건강 식품(분류번호:202)

## 즐거운 생활(분류번호:203)

## 건강 생활(분류번호:204)

## 한국의 자연(분류번호:301)

## 미술 일반(분류번호:401)

## 역사(분류번호:501)